地震应急管理基本概念

DIZHEN YINGJI GUANLI JIBEN GAINIAN

张　俊　李伟华　张玮晶　高　娜　丁　璐　张　媛　编著

地震出版社

图书在版编目（CIP）数据

地震应急管理基本概念 / 张俊等编著. -- 北京：地震出版社，
2019.5

ISBN 978-7-5028-4927-6

Ⅰ. ① 地 … Ⅱ. ① 张 … Ⅲ. ① 地 震 灾 害 — 应 急 对 策
Ⅳ. ① P315.9

中国版本图书馆 CIP 数据核字（2018）第 262566 号

地震版　XM4102

地震应急管理基本概念

张　俊　李伟华　张玮晶　高　娜　丁　璐　张　媛　编著
责任编辑：刘　丽
责任校对：孔景宽

出版发行：**地 震 出 版 社**
　　　　　北京市海淀区民族大学南路 9 号　　　　邮编：100081
　　　　　发行部：68423031　68467993　　　传真：88421706
　　　　　门市部：68467991　　　　　　　　传真：68467991
　　　　　总编室：68462709　68423029　　　传真：68455221
　　　　　http://seismologicalpress.com
经销：全国各地新华书店
印刷：北京地大彩印有限公司

版（印）次：2019 年 5 月第一版　2019 年 5 月第一次印刷
开本：787×1092　1/16
字数：145 千字
印张：8.5
书号：ISBN 978-7-5028-4927-6/P(5630)
定价：48.00 元

前　言

　　近年来，国内应急管理工作发展迅速，各种研究不可胜数。2018年3月，以习近平同志为核心的党中央作出组建应急管理部门的重大决策，应急管理部门的组建是科学的制度设计，增强了应急管理工作的系统性、整体性、协同性，由此，从事应急管理工作和研究的队伍必将日渐壮大，应急管理基础知识储备的重要性也不言而喻。

　　地震应急管理是应急管理领域的重要组成部分，在全球地震活跃的大背景下，地震灾害的应急管理日渐成为新兴发展领域，也是专业研究领域及地震危险区域政府关注和发展的重点，对基本概念的把握是开展应急管理工作及研究的基础，各级政府应急管理相关工作人员在知道工作做什么、怎么做之前，先要弄清楚地震应急管理是什么。

　　在2019年1月全国应急管理工作会议上，应急管理部党组书记黄明强调："要大力提升应急管理基层基础能力，加强基础理论研究。"编者近年来一直从事地震应急管理研究与教学培训工作，发现许多应急管理相关工作人员实践经验丰富，而对应急管理认识的理论性和系统性有所欠缺。本书在编写过程中搜集整理了应急管理以及地震应急管理领域的相关研究成果，通过资料的汇编与梳理，将具有代表性的概念和解释提炼出来，去粗取精，并遵循灾害应急管理的脉络，按照基础、准备、响应和恢复的基本框架，尝试厘清地震应急管理的相关基本概念，并通过延伸阅读、案例分享等方式更好地诠释不同概念，希望对不同领域的相关人员能有所帮助。

编者

二〇一九年三月十日

目 录

第一章 基础篇

一、应急管理

（一）基本概念

应急管理是指政府及其他机构与组织，在突发事件的事前预防与应急准备、减灾、监测预警，事中应急响应，以及事后恢复重建过程中，通过建立必要的应急管理法制、体制与机制，采取一系列必要措施，应用科学、技术、规划与管理等手段，保障公众生命、健康和财产安全，保护环境与生态系统，促进社会和谐健康发展的有关活动。由此可见，应急管理是为应对突发事件而开展的管理活动，旨在保障公共安全，避免或减少因突发事件所造成的生命、财产损失和社会失序。

（二）国内应急管理

2003年"非典"之后，党的十六届三中全会提出"要建立健全各种预警和应急机制，提高政府应对突发事件和风险的能力"。此后，我国逐步建立了以"一案三制"为核心内容的中国特色的应急管理体系，构建了社会管理组织网络，制定了应急管理的基本法律法规，初步形成了"党委领导、政府负责、社会协同、公众参与"的社会管理格局，基本建立了"统一领导、综合协调、分类管理、分级负责、属地管理为主"的应急管理体制和"统一指挥、功能齐全、反应灵敏、运转高效"的应急机制。应急管理成为中国各级政府加强社会管理、搞好公共服务的一项基本职能和基本维度。

2008年对中国应急管理来说是一个特殊的年份，南方雪灾和汶川特大地震，为应急管理研究提出了严峻的命题。党和政府以及学界从不同角度深入总结我国应急管理的成就和经验，查找存在问题。在党中央、国务院召开的全国抗震救灾总结表彰大会上，胡锦涛总书记指出"要进一步加强应急管理能力建设"。我国应急管理体系建设再一次站到了历史的新起点上。

党的十八大以来，以习近平同志为核心的党中央在应对各类突发事件中更加依法、有力、有序、有度、有效。2016年，在纪念唐山地震40周年的讲话中，习近平总书记提出，要"坚持以防为主、防抗救相结合，坚持常态减灾和非常态救灾相统一，努力实现从注重灾后救助向灾前预防转变，从应对单一灾种向综合减灾转变，从减少灾害损失向减轻灾害风险转变，全面提升全社会抵御自然灾害的综合防范能力"。为我国的应急管理未来发展指明了方向。

2018年，党的十九届三中全会通过的《中共中央关于深化党和国家机构改革的决定》指出，深化党和国家机构改革是推进国家治理体系和治理能力现代化的一场深刻变革。3月13日，国务院总理李克强向全国人大提请审议《国务院机构改革方案的议案》，对国务院现有机构进行了重大调整，充分体现了中国进入新时代全面发展和高质量发展的新要求，具有鲜明的时代和主题特色。其中，应急管理部的成立备受瞩目。应急管理部的成立是中国应急管理体系划时代事件，将为探索中国的综合应急管理模式提供新的推动力。

延伸阅读

钟开斌在其《中外政府应急管理比较》一书中，对"一案三制"的属性特征、功能定位及其相互关系进行了探讨，并给出以下定位：

要素	层次	主要内容	所要解决的问题	特征	定位
体制	权力	组织结构	权限划分和隶属关系	结构性	基础
机制	运作	工作流程	运作的动力和活力	功能性	关键
法制	程序	法律和制度	行为的依据和规范性	规范性	保障
预案	操作	实践操作	应急管理的实际操作	使能性	前提

延伸阅读

应急管理部成立之后，贯彻落实党中央关于应急工作的方针政策和决策部署，其主要职责是：

（一）负责应急管理工作，指导各地区各部门应对安全生产类、自然灾害类等突发事件和综合防灾减灾救灾工作。负责安全生产综合监督管理和工矿商贸行业安全生产监督管理工作。

（二）拟订应急管理、安全生产等方针政策，组织编制国家应急体系建设、安全生产和综合防灾减灾规划，起草相关法律法规草案，组织制定部门规章、规程和标准并监督实施。

（三）指导应急预案体系建设，建立完善事故灾难和自然灾害分级应对制度，组织编制国家总体应急预案和安全生产类、自然灾害类专项预案，综合协调应急预案衔接工作，组织开展预案演练，推动应急避难设施建设。

（四）牵头建立统一的应急管理信息系统，负责信息传输渠道的规划和布局，建立监测预警和灾情报告制度，健全自然灾害信息资源获取和共享机制，依法统一发布灾情。

（五）组织指导协调安全生产类、自然灾害类等突发事件应急救援，承担国家应对特别重大灾害指挥部工作，综合研判突发事件发展态势并提出应对建议，协助党中央、国务院指定的负责同志组织特别重大灾害应急处置工作。

（六）统一协调指挥各类应急专业队伍，建立应急协调联动机制，推进指挥平台对接，衔接解放军和武警部队参与应急救援工作。

（七）统筹应急救援力量建设，负责消防、森林和草原火灾扑救、抗洪抢险、地震和地质灾害救援、生产安全事故救援等专业应急救援力量建设，管理国家综合性应急救援队伍，指导地方及社会应急救援力量建设。

（八）负责消防工作，指导地方消防监督、火灾预防、火灾扑救等工作。

（九）指导协调森林和草原火灾、水旱灾害、地震和地质灾害等防治工作，负责自然灾害综合监测预警工作，指导开展自然灾害综合风险评估工作。

（十）组织协调灾害救助工作，组织指导灾情核查、损失评估、救灾捐赠工作，管理、分配中央救灾款物并监督使用。

（十一）依法行使国家安全生产综合监督管理职权，指导协调、监督检查国务院有关部门和各省（自治区、直辖市）政府安全生产工作，组织开展安全生产巡查、考核工作。

（十二）按照分级、属地原则，依法监督检查工矿商贸生产经营单位贯彻执行安全生产法律法规情况及其安全生产条件和有关设备（特种设备除外）、材料、劳动防护用品的安全生产管理工作。负责监督管理工矿商贸行业中央企业安全生产工作。依法组织并指导监督实施安全生产准入制度。负责危险化学品安全监督管理综合工作和烟花爆竹安全生产监督管理工作。

（十三）依法组织指导生产安全事故调查处理，监督事故查处和责任追究落实情况。组织开展自然灾害类突发事件的调查评估工作。

（十四）开展应急管理方面的国际交流与合作，组织参与安全生产类、自然灾害类等突发事件的国际救援工作。

（十五）制定应急物资储备和应急救援装备规划并组

织实施，会同国家粮食和物资储备局等部门建立健全应急物资信息平台和调拨制度，在救灾时统一调度。

（十六）负责应急管理、安全生产宣传教育和培训工作，组织指导应急管理、安全生产的科学技术研究、推广应用和信息化建设工作。

（十七）管理中国地震局、国家煤矿安全监察局。

（十八）完成党中央、国务院交办的其他任务。

（十九）职能转变。应急管理部应加强、优化、统筹国家应急能力建设，构建统一领导、权责一致、权威高效的国家应急能力体系，推动形成统一指挥、专常兼备、反应灵敏、上下联动、平战结合的中国特色应急管理体制。一是坚持以防为主、防抗救结合，坚持常态减灾和非常态救灾相统一，努力实现从注重灾后救助向注重灾前预防转变，从应对单一灾种向综合减灾转变，从减少灾害损失向减轻灾害风险转变，提高国家应急管理水平和防灾减灾救灾能力，防范化解重特大安全风险。二是坚持以人为本，把确保人民群众生命安全放在首位，确保受灾群众基本生活，加强应急预案演练，增强全民防灾减灾意识，提升公众知识普及和自救互救技能，切实减少人员伤亡和财产损失。三是树立安全发展理念，坚持生命至上、安全第一，完善安全生产责任，坚决遏制重特大安全事故。

（二十）有关职责分工

1. 与自然资源部、水利部、国家林业和草原局等部门在自然灾害防救方面的职责分工。

（1）应急管理部负责组织编制国家总体应急预案和安全生产类、自然灾害类专项预案，综合协调应急预案衔接工作，组织开展预案演练。按照分级负责的原则，指导自然灾害类应急救援；组织协调重大灾害应急救援工作，并按权限作出决定；承担国家应对特别重大灾害指挥部工作，协助党中央、国务院指定的负责同志组织特别重大灾害应急处置工作。组织编制综合防灾减灾规划，指导协调相关部门森林和草原火灾、水旱灾害、地震和地质灾害等防治工作；会同自然资源部、水利部、中国气象局、国家林业和草原局等有关部门建立统一的应急管理信息平台，建立监测预警和灾情报告制度，健全自然灾害信息资源获取和共享机制，依法统一发布灾情。开展多灾种和灾害综合监测预警，指导开展自然灾害综合风险评估。负责森林和草原火情监测预警工作，发布森林和草原火险、火灾信息。

（2）自然资源部负责落实综合防灾减灾规划相关要求，组织编制地质灾害防治规划和防护标准并指导实施；组织指导协调和监督地质灾害调查评价及隐患的普查、详查、排查；指导开展群测群防、专业监测和预报预警等工作，指导开展地质灾害工程治理工作；承担地质灾害应急救援的技术支撑工作。

（3）水利部负责落实综合防灾减灾规划相关要求，组织编制洪水干旱灾害防治规划和防护标准并指导实施；承担水情旱情监测预警工作；组织编制重要江河湖泊和重要水工程的防御洪水抗御旱灾调度和应急水量调度方案，按程序报批并组织实施；承担防御洪水应急抢险的技术支撑工作；承担台风防御期间重要水工程调度工作。

（4）各流域防汛抗旱指挥机构负责落实国家应急指挥机构以及水利部防汛抗旱的有关要求，执行国家应急指挥机构指令。

（5）国家林业和草原局负责落实综合防灾减灾规划相关要求，组织编制森林和草原火灾防治规划和防护标准并指导实施；指导开展防火巡护、火源管理、防火设施建设等工作；组织指导国有林场林区和草原开展防火宣传教育、监测预警、督促检查等工作。

（6）必要时，自然资源部、水利部、国家林业和草原局等部门可以提请应急管理部，以国家应急指挥机构名义部署相关防治工作。

2. 与国家粮食和物资储备局在中央救灾物资储备方面的职责分工。

（1）应急管理部负责提出中央救灾物资的储备需求和动用决策，组织编制中央救灾物资储备规划、品种目录和标准，会同国家粮食和物资储备局等部门确定年度购置计划，根据需要下达动用指令。

（2）国家粮食和物资储备局根据中央救灾物资储备规划、品种目录和标准、年度购置计划，负责中央救灾物资的收储、轮换和日常管理，根据应急管理部的动用指令按程序组织调出。

（三）国外应急管理

发达国家在中央政府应急管理方面，有比较成熟的经验，大体上可分为三种模式：美国模式、俄罗斯模式和日本模式。

1. 美国模式

美国是最先建立世界上完善而有成效的应急管理制度的国家。1950年，美国国会通过《灾难救济法》，这是美国应急管理的制度性立法。1979年4月美国联邦应急管理局（FEMA）成立，FEMA既是一个直接向总统报告的专门负责灾害的应急管理机构，同时又是一个突发公共事件应急管理协调决策机构。FEMA的成立，标志着美国应急管理体系开始走上更加主动、系统化的轨道。2003年3月，FEMA随同其他22个联邦机构一起并入2002年成立的国土安全部，成为该部四个主要分支机构之一。并入后的FEMA仍是一个可直接向总统报告、专门负责重特大灾害应急的联邦政府机构，由总统任命局长。

美国模式的总特征为"行政首长领导，中央协调，地方负责"。美国已基本建立起一个比较完善的应急管理组织体系，形成了联邦、州、县、市、社区五个层次的应急管理与响应机构。当地方政府的应急能力和资源不足时，州一级政府向地方政府提供支持。州一级政府的应急能力和资源不足时，由联邦政府提供支持。一旦发生重特大灾害，绝大部分联邦救援经费来自该局负责管理的"总统灾害救助基金"。但动用联邦政府的应急资源，需要向总统作出报告。

美国把应急管理的活动贯穿到四个基本阶段：减灾、准备、响应、恢复。减灾（mitigation）包括所有可切实消除或减少灾难发生可能性的活动，也包括旨在减轻无法避免的灾难后果的各种长期活动。准备（preparedness）的必要性取决于减灾措施未能或无法防止灾难发生的程度。在准备阶段，政府、组织及个人编制预案以挽救生命和减少灾害伤害。准备措施也试图改善灾难响应行动。响应（response）是紧随突发事件或灾难后的行动，通常包括为遇险人员提供紧急援助，以及减少次生灾害的可能性和加快恢复的行动。恢复（recovery）阶段一直持续到所有系统恢复到正常或更好的水平。包括两类活动：短期恢复活动，将关键生命线系统恢复到最低运行标准（例如，清理现场、提供临时住房）；长期恢复活动，可能会持续到灾后数年，其目的是使生活恢复到正常状态或更高的水平（例如，重建贷款、法律援助、社区规划）。

应急管理四阶段示意图

案例分享 **飓风"桑迪"美国政府的应对与处置**

2012年10月29日晚，飓风"桑迪"以每小时超过130千米的速度登陆美国大西洋城，登陆过程中，飓风"桑迪"与一股北极高速气流汇合，形成了非常态的热带风暴。非常强大危险的超级暴风从美国西北部地区横扫至纽约州，跨度达1600千米，弗吉尼亚到纽约各州沿海地区均被覆盖在

12级风圈范围内；同时，伴随有强暴雨的发生，共有13个州观测到降雨量超过100毫米的大暴雨，其中新泽西州南部、马里兰州、特拉华州局地出现降雨量达250毫米以上的特大暴雨；此外，28日下午的满月天文大潮加上飓风加剧了风暴潮的强度，造成了罕见的强大波浪和浪涌。伴随着强风、暴雨和风暴潮的猛烈攻击，一度有18个州的超过820万住户和商家停电，1.95万架次航班被迫取消，纽约、华盛顿与费城三大城市交通中断，纽约证券交易所在100多年来首次停业两天。"桑迪"过后，据统计，在美国本土造成100余人死亡，几千万人受灾，其中许多人失去了家园，经济损失500亿美元以上，成为美国历史上最严重的自然灾害之一。面对这次超级飓风灾害，美国联邦政府和各州政府展开了较为缜密有效的应急准备工作和积极迅速的应急响应。具体表现在其应急预警、应急准备和应急恢复等几个主要环节。

I. 气象灾害预报准确

美国国家飓风中心在飓风到达4天之前，即10月25日17时公布了关于"桑迪"飓风的官方预测，且给出了"桑迪"在10月29日袭击新泽西州前跨越大西洋西部的曲折路径，预测出来自"桑迪"最大的潜在威胁也许是内陆数以百万计的人面临断电威胁和建筑物、树木破坏的风险。

II. 应急准备充分

"桑迪"一经形成，就被美国气象预警系统严密监视，并迅速得出"百年不遇"的结论。随即气象学家精算出各种模型，预测飓风走向，气象图和灾害分布地图不停地出现在电视和网络上，公众可以迅速判断自己是否在预警区内，将要遭遇什么类型的风险，包括风速、积水深度和其他灾变数据。纽约、新泽西、康涅狄格、北卡罗来纳、弗吉尼亚、马里兰等州和华盛顿特区都在飓风来袭前宣布进入紧急状态，下令沿岸居民疏散。10月28日，纽约、新泽西等地部分公共交通被临时关闭，29日纽约市所有公立学校停课，取消了文艺演出等所有公众聚集的大型活动。纽约州对火岛居民下令强制性撤离，州长下令，纽约市大都会捷运局28日19时停止地铁服务，铁路通勤列车停开，大巴服务21时停止。为了减少"桑迪"飓风造成的损害，纽约市长迈克尔·布隆伯格28日签署行政命令，强制要求靠近海岸低地地区的居民和商家必须撤离，需撤离4.5万余人。时任美国总统奥巴马在电视讲话中指出"当被告知要撤离，你就得立即撤离。不要耽搁，不要犹豫，不要质疑指示，因为这是强风暴"。纽约全市有76所公立学校被临时设为避难场所，撤离低地地区的居民可以到那里暂住。与此同时，各大航空公司取消了数以百计的国内航班，一些进出纽约和华盛顿等城市的国际航班也被取消。28日晚纽约港被关闭，原本预定抵达的所有游轮改道。

III. 灾害发生时的行动

在"桑迪"飓风到来的几天时间里，美国政府按照预先制定的危机预案措施开展救援工作。奥巴马在飓风来临时取消了竞选亮相活动，积极组织指挥政府的各种危机救援工作，并冒雨视察受灾地区；纽约州长和纽约市长也每天数次发表电视讲话，告诉公众应采取哪些应急措施。

政府积极公布信息，并劝说人们离开城市避难，对于那些不愿或没条件离开的，政府则提示各种准备避难的详细信息。纽约各大电视台全天不间断地报道飓风的移动情况；纽约专门开设了"桑迪"求助热线，帮助民众及时解决此次风暴带来的困难；政府官网还开设"飓风疏散区域查找助手"的栏目，市民可以查找自己的处所是否在疏散区范围内。

IV. 灾后恢复措施

危机过后，主要进行各项灾后恢复工作。联邦政府的措施有：奥巴马政府宣布受灾最严重的纽约、新泽西州为重灾区，这将使受飓风影响的个人和企业主获得联邦资金的援助；奥巴马指示军用运输机和舰只来帮助灾区运送物资；动用战略石油储备应急以减少"油荒"的扩散；奥巴马和一些大企业的高管沟通协调，各大企业巨头出力帮助灾区恢复电力。受飓风影响的地方政府采取高速路免费、拼车等多项临时措施，缓解人们出行难题。如纽约政府提出加油配给制的方法，车辆牌照按照尾号单双号划分并限行，出租车、应急车辆可不受限；以及临时允许出租车让乘客"拼车"，并作出详细价格规定。

V. 应对经验

i. 政府间的有效沟通与协调。

一般来说，当美国发生灾害后，首先由所在州进行自我救援；当州政府提出援助请求后，FEMA在当地的事务局会评估当地损失，向总统提出建议报告，总统据此决定是否发出救援命令。命令一旦发出，政府机制将会通过FEMA进入紧急状态，一系列应急机制将会运转起来。这样，就确立相关职能部门和不同层级政府之间的职能分工以及相互协同力。在应对"桑迪"飓风的过程中，美国政府各项措施的落实离不开FEMA这样一个协调机构以及国土安全部这样的权力中心；同时，各级政府机构之间在决策时进行了有效沟通和协调，确保疏散等决策得到快速实施。

ii. 社会资源和力量的整合。

一是政府与企业的关系。美国非常重要的设施、交通类机构85%在私有企业中，美国的救灾指挥系统需要随时整合政府和企业的资源与力量。因此，才出现奥巴马出面与企业主协调，使其恢复电力等。在此次飓风中，美国1万多个航班被迫取消，但机场却没有出现大量旅客滞留的混乱局面，这正是由于航空公司采取尽早取消航班，减免了乘客的改签费用，安排乘客远离机场等措施，并将飞机停放在未受灾的地区。

二是政府与媒体的关系。在"桑迪"过程中，政府与媒体形成了相互信任的良好互动关系，美国多家主要媒体和网站也在其中扮演重要角色。包括《纽约时报》在内的多家媒体已宣布在这段时间内免费开放网站上新闻内容；谷歌则专门制作"风暴危机地图"，让人们直观地在地图上查阅相关信息；Twitter几乎变成了全国性的危机信息的广播系统。

三是政府与非政府组织的关系。非政府组织可以承担包括应对危机在内的许多社会功能，如此次危机中，美国红十字会积极筹款，向灾民提供援助；加拿大300名红十字会义工随时候命协助有需要的民众；中国香港红十字会还提供紧急寻人服务。

VI. 应对工作中的不足

在此次飓风灾害中，虽然美国政府倾尽全力应对，但仍然有百余人的伤亡和数百亿美元的经济损失。回顾分析这次巨灾应对的全过程，可以发现其应急准备能力仍然存在一些不足之处。例如，关键基础设施与重要资源保护规划不够完善，一些重要能源存储设备被损和一些关键电力设施受到破坏且恢复较慢；由于美国东北地区历史上并非飓风重灾区，因此其城市设防标准普遍较低，无论是防波堤还是市内的地铁站防水设施均无法抵御"桑迪"引发的特大暴雨和海水倒灌；由于该地区民众较少经历特大飓风，防灾避险意识薄弱，有部分公众被吹倒的树木、倒塌的简易建筑所伤，成为此次巨灾中造成人员伤亡的最主要因素。美国政府的应急通信网络仍存在问题，飓风"桑迪"袭击美国，而应急系统的不兼容和不足也再度放大了损失。备受美国公众关注的国家级数据沟通应急网络仍然没有建立，很多机构还在使用依靠"声音"的传话系统，这些系统通常不能兼容。在飓风和其他灾害中，通信网络最容易出现两个问题：停电和失去回程容量（从基站出发携带信号的光纤失效，如基站被水淹没等）。

2. 俄罗斯模式

俄罗斯模式的总特征为"国家首脑为核心，联席会议为平台，相应部门为主力"；以总统为核心主体、以负责国家安全战略的联邦安全会议为决策中枢，以紧急事务部等相应部门为主力的危机管理权力结构。

紧急事务部诞生于1994年，属于执行权力机构，是俄罗斯处理突发事件的组织核心，直接对总统负责。基本任务是消除灾害事故后果，主要负责的是自然灾害、技术事故和灾难类突发事件的预防及抢险救援工作，并逐渐发展成为俄罗斯应急管理的综合协调机构。该部通过总理办公室可以请求获得国防部或内务部队的支持，拥有国际协调权及在必要时调用本地资源的权限。紧急事务部被认为是俄罗斯政府五大强力部门之一，另外几个强力部门分别是国防部、内务部、联邦安全局和对外情报局。紧急事务部设有人口与领土保护司、灾难预防司、部队司、国际合作司、放射物及灾害救助司、科学与技术管理司等部门。同时下设森林灭火机构委员会、抗洪救灾委员会、海洋及河流盆地水下救灾协调委员会、营救执照管理委员会等机构。该部在俄罗斯境内还设有9个区域中心和80多个地方办事处，在州、直辖市、自治共和国、边疆区等联邦主体和下属城市、村镇分别设立紧急情况局，从而形成了五级应急管理机构逐级负责、协调配合、垂直应急的"紧急情况预防和应对体系"。

实践中，"紧急情况部"的日常值守协调功能主要由直属的"国家应急管理中心"担负。"国家应急管理中心"下设有应急响应、运作与分析、电信等分中心，并在全国各区域设置分支机构，从而形成了脉络清晰的指挥应对体系。其运转，上对总统负责，中间联络各政府部门，向下统合各联邦主体，具有层级简明、反应迅速、运作高效的鲜明特点。

3. 日本模式

日本模式的总特征为"行政首脑指挥，综合机构协调联络，中央会议制定对策，地方政府具体实施"。建立了由内阁总理大臣（首相）担任会长的安全保障会议、中央防灾会议委员会，作为全国应急管理方面最高的行政权力机构，负责协调各中央政府部门之间、中央政府机关与地方政府，以及地方公共机关之间有关防灾方面的关系。内阁官房长官负责整体协调和联络，通过安全保障会议、中央防灾会议等决策机构制定应急对策。安全保障会议主要承担了日本国家安全危机管理的职责，中央防灾会议负责应对全国的自然灾害。成立由各地方行政长官（知事）担任会长的地方政府防灾会议，负责制定本地区的防灾对策。还在内阁官房设立了由首相任命的内阁危机管理总监，专门负责处理政府有关危机管理的事务；同时增设两名官房长官助理，直接对首相、官房长官及危机管理总监负责。

由内阁官房统一协调危机管理，改变了以往各省厅在危机处理中各自为政、纵向分割的局面。灾害发生时，以首相为最高指挥官，内阁官房负责整体协调和联络，通过中央防灾会议、安全保障会议等制定危机对策，由国土厅、气象厅、防卫厅和消防厅等部门进行配合实施。灾区地方政府设立灾害对策本部，统一指挥和调度防灾救灾工作。中央政府则根据灾害规模，决定是否成立紧急灾害对策部，负责整个防灾救灾工作的统一指挥和调度。

二、应急管理"一案三制"

（一）应急预案

应急预案是针对可能发生的突发事件，为保证迅速、有序、有效地开展应急与救援行动、降低人员伤亡和经济损失而预先制订的有关计划或方案。它是在辨识和评估潜在的重大危险、事件类型、

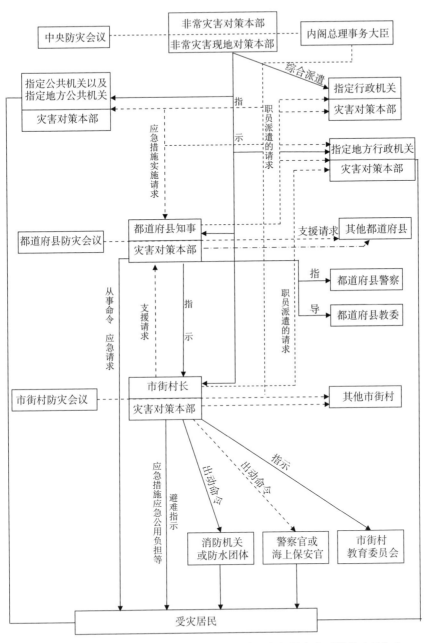

非常灾害对策本部的运行体系结构（根据《逐条解说灾害对策基本法》）

发生的可能性及发生过程、事件后果及影响严重程度的基础上，对应急机构与职责、人员、技术、装备、设施（设备）、物资、救援行动及其指挥与协调等方面预先做出的具体安排，它明确了在突发事件发生之前、发生过程中以及刚刚结束之后，各级政府、各个部门及各个组织具体的职能职责，以及相应的处置方法和资源准备等。应急预案是应急管理的重要组成部分，也是应急管理工作的主线，其总目标是控制紧急情况的扩展并尽可能消除危机，将突发事件对人、财产和环境的危害降到最低限度。

2003年12月，国务院办公厅应急预案工作小组的成立，标志着中国应急预案体系建设的开始。按照"横向到边、纵向到底"的原则，各级地方政府及其部门编制的总体预案、专项预案和部门预案陆续制定或修订，至2005年初框架初成。2005年4月17日，国务院印发的《国家突发公共事件总体应急预案》中对中国预案框架体系进行了规范描述。2013年10月25日，国务院办公厅印发《突发事件

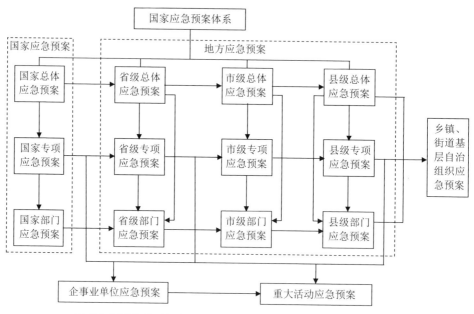

国家应急预案体系框架图（闪淳昌、薛澜，《应急管理概论》）

应急预案管理办法》，规定应急预案按照制定主体划分，分为政府及其部门应急预案、单位和基层组织应急预案两大类。政府及其部门应急预案由各级人民政府及其部门制定，包括总体应急预案、专项应急预案、部门应急预案等。单位和基层组织应急预案由机关、企事业单位、社会团体和居委会、村委会等法人和基层组织制定，侧重明确应急响应责任人、风险隐患监测、信息报告、预警响应、应急处置、人员疏散撤离组织和路线、可调用或可请求援助的应急资源情况及如何实施等，体现自救互救、信息报告和先期处置特点。大型企业集团可根据相关标准规范和实际工作需要，参照国际惯例，建立本集团应急预案体系。

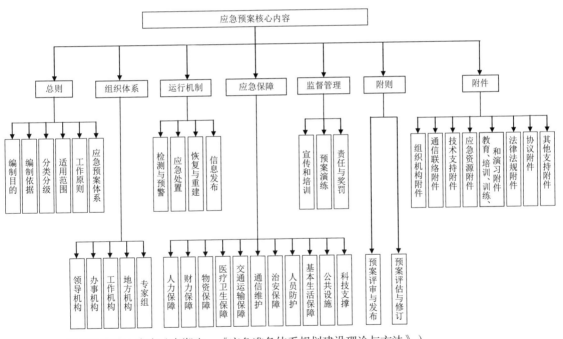

应急预案核心内容（李湖生，《应急准备体系规划建设理论与方法》）

（二）应急管理体制

应急管理体制是指国家机关、军队、企事业单位、社会团体、公众等各利益相关方在应对突发事件过程中在机构设置、领导隶属关系和管理权限划分等方面的体系、制度、方法、形式等的总称。

17

《中华人民共和国突发事件应对法》明确规定"国家建立统一领导、综合协调、分类管理、分级负责、属地管理为主的应急管理体制"。

统一领导，既包含了中央政府对地方政府、对部委的领导，也包含了地方政府对下级政府、地方部门的领导，体现了应急指挥决策核心对所属相关地区、部门和单位的领导。在突发事件应对中，各级党委、政府的统一领导权主要表现为以相应责任为前提的决策指挥权、部门协调权。

综合协调，既包含了应急管理中负有责任的地区、部门、单位之间的协调联动，也包含军地之间的协调联动，包含了政府与非政府组织、企事业单位和公众之间的协调联动，还包含了跨地区、跨国的合作等。

分类管理，对于不同种类的突发事件，各级政府都有相应的指挥机构及应急管理部门进行统一管理。具体包括：根据不同类型的突发事件特性，确定相应的管理规则，明确分类分级标准，开展预防和应急准备、监测与预警、应急处置与救援、事后恢复与重建等应对活动。2018年3月，国务院机构改革方案中就明确规定，由应急管理部负责指导安全生产类、自然灾害类应急救援，承担国家应对特别重大灾害指挥部工作；卫生应急则由国家卫生健康委员会负责。

分级负责，一般来说，一般和较大的自然灾害、事故灾难、公共卫生事件的应急处置工作分别由发生地县级和设区的市级人民政府统一领导；重大和特别重大的，由省级人民政府统一领导，其中影响全国、跨省级行政区域或者超出省级人民政府处置能力的特别重大的突发事件应对工作，或国务院认为应当由国务院处置的重大突发事件，由国务院统一领导。社会安全事件由于其特殊性，原则上也是由发生地的县级人民政府处置，但必要时上级人民政府可以直接处置。

属地管理，核心是建立以事发地党委和政府为主、有关部门与相关地区配合的领导责任制。

2018年3月，国务院机构改革方案提出，为防范化解重特大安全风险，健全公共安全体系，整合优化应急力量和资源，组建应急管理部，以推动形成统一指挥、专常兼备、反应灵敏、上下联动、平战结合的中国特色应急管理体制。

（三）应急管理机制

应急管理机制是指涵盖事前、事发、事中和事后的突发事件应对全过程中各种系统化、制度化、程序化、规范化及理论化的方法与措施。

具体而言，应急管理机制首先是在总结、积累应急管理实践经验的基础上形成的制度化成果，是对政府在长期应急实践中使用的各种有效方法、手段和措施的总结与提炼，经过实践检验证明有效，并在实践中不断健全及完善。是适用于各种具体突发事件的管理而又凌驾于具体突发事件管理之上的普遍方法，一般要依靠多种方式、方法的集成而起作用。其次是应急管理机制的实质内涵的一组建立在相关法律、法规和部门规章之上的政府应急工作流程体系，能展现出突发事件管理系统中组织之间及其内部相互作用关系，而外在形式则体现为政府管理突发事件的职责与能力。第三，从运作流程来看，以应急管理全过程为主线，涵盖事前、事发、事中和事后各个阶段，包括预防与应急准备、监测与预警、应急处置与救援、恢复与重建等多个环节。

应急管理机制建设是应急管理体制的一个重要方面，应急管理机制是组织体系在遇到突发事件后有效运转的机理性制度，它要使应急管理中的各个利益相关体有机地结合起来并且协调地发挥作用，这就需要机制贯穿其中。应急管理机制是为积极发挥体制作用服务的，同时又与体制有着相辅相成的关系，推动应急管理机制建设，既可以促进应急管理体制的健全和有效运转，也可以弥补体制存在的不足。

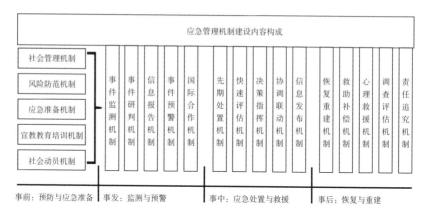

全流程应急管理中机制建设的主要内容

（四）应急管理法制

在应急管理过程中，为防止突发事件的巨大冲击力导致整个国家生活与社会秩序的失控，实现克服危机和保障人权的双重目标，需要运用行政紧急权力并实施应急法律规范，做出有别于平时的安排，来调整紧急情况下国家权力之间、国家权力与公民权利之间、公民权利之间的各种社会关系，以有效控制与消除危机，恢复正常的社会生活秩序和法律秩序，维护和平衡社会公共利益与公民合法权益。而在突发事件的发生和演化过程中，对这些权利义务关系加以重新安排的法律制度，就是应急管理法制。应急管理法制是对一国或地区针对如何应对突发事件引起的紧急情况而制定或认可的各种法律规范和原则的总称。

我国防灾减灾立法体系的构建从20世纪80年代后期就开始了，经过30多年的努力，我们已建成了多层次的立法体系，如应对突发事件的基本法：《中华人民共和国突发事件应对法》；一般性法律层面的《中华人民共和国防震减灾法》《中华人民共和国防洪法》《中华人民共和国防沙治沙法》《中华人民共和国传染病防治法》；自然灾害类的《中华人民共和国水法》《中华人民共和国森林法》；事故灾难类的《中华人民共和国安全生产法》《中华人民共和国消防法》《中华人民共和国劳动法》《中华人民共和国煤炭法》；公共卫生事件类的《中华人民共和国食品卫生法》《中华人民共和国国境卫生检疫法》《中华人民共和国动物防疫法》；社会安全事件类的《中华人民共和国国家安全法》《中华人民共和国国防法》《中华人民共和国兵役法》《中华人民共和国人民防空法》；法规层面的《破坏性地震应急条例》《突发公共卫生事件应急条例》《地质灾害防治条例》，等等。

　　2007年 11月1日正式施行的《中华人民共和国突发事件应对法》，是适用于应对各类普通突发事件全过程的应急管理基本法，为中国应对各种突发事件提供了相对完整、统一的制度框架。《中华人民共和国突发事件应对法》的出台与实施，标志着中国规范应对各类突发事件共同行为的基本法律制度已确立，为有效实施应急管理提供了更加完备的法律依据和法制保障。

> **思考与探讨**
>
> 　　作为治理紧急事件的综合性"基本法"，《中华人民共和国突发事件应对法》由于其过强的原则性、抽象性以及法律体系的不完备性等原因，在现实中难以得到真正落实，缺乏可操作性。应急主体不明确，缺乏清楚的授权，责任规定缺乏刚性，设定禁止性规范的比例非常小。使得当前的应急管理实践中出现了应急预案的作用远远大于法律法规的现象，应急管理法律体系需尽快完善。

三、地震应急管理

（一）地震灾害

　　地震是一种由缓慢累积起来的应力突然释放而引起的大地突发运动，是一种潜在的自然灾害。地震一般可分为人工地震和天然地震。由人类活动（如开山、开矿、爆破等）引起的叫人工地震，除此之外便统称为天然地震。天然地震主要分为构造地震、火山地震、陷落地震和诱发地震。

我国是世界上地震灾害最严重的国家之一，地震活动具有频度高、强度大、分布广、震源浅、成灾率高等特点。我国的地震绝大多数是构造地震，其次为水库地震、矿震等诱发性地震。与地震有关的危险包括地面振动、地表断裂、地面破坏和海啸。地震是一种破坏力很大的自然灾害，一次地震可以在一分钟内毁灭整个城市或一个城市的一部分，除了直接造成房屋倒塌和山崩、地裂、砂土液化、喷砂冒水外，还会引起火灾、爆炸、毒气蔓延、水灾、滑坡、泥石流、瘟疫等次生灾害。此外由地震所造成的社会秩序混乱、生产停滞、家庭破坏、生活困苦和人们心理的损害，往往会造成比地震直接损失更大的灾难。

时间 (年.月.日)	震例	里氏震级	震源深度/千米	遇难人数	地震类型
2011.3.11	东日本大地震海啸	9.0	10	约15884人遇难，2633人失踪	构造地震
2008.5.12	汶川地震	8.0	14	69227人遇难，17923人失踪	
2010.4.14	青海玉树地震	7.1	14	2698人遇难，270人失踪	
2014.10.7	云南景谷地震	6.6	5	1人遇难	
2014.8.3	云南鲁甸地震	6.5	12	617人遇难，112人失踪	
1962.3.19	广东新丰江水库地震	6.1	5	0	水库地震
2015.4.1	辽宁沈阳康平县地震	3.3	0	0	矿震

（二）地震应急管理

针对地震灾害，我国在1995年提出了防震减灾的指导思想，即坚持减灾工作与经济建设一起抓，实行预防为主，防御与救助相结合，动员社会各方面力量，依靠法制和科技，大力加强地震预报特别是短期和临震预报工作，提高大中城市、人口稠密与经济发达地区，尤其是地震重点监视防御区的应急救助及抗震能力，有效减轻地震灾害，保护人民生命安全，维护社会安定。在2000年全国防震减灾工作会议上，提出了当前和最近一段时间，我国防震减灾工作的重点和核心，其主要内容是建立防震减灾三大工作体系：建立健全地震监测预报体系、地震灾害预防体系和地震紧急救援体系。

其中，地震紧急救援体系包括地震应急预案制定、地震灾害分级与事权划分、震后应急救援措施、震后救灾指挥机构运行、震情、灾情等信息的报告和发布、地震灾害紧急救援队伍建设、地震灾害救援志愿者队伍建设、国外救援队伍来华实施紧急救援的管理等。

2018年3月，国务院组建应急管理部，将国务院办公厅的应急管理职责，中国地震局的震灾应急救援职责以及国务院抗震救灾指挥部职责整合纳入应急管理部，承担起了地震应急管理的职能职责。应急管理部下设地震与地质灾害救援司，负责组织协调地震应急救援工作，指导协调地质灾害防治相关工作，组织重大地质灾害应急救援。

第二章　准备篇

一、地震应急准备

应急准备是指为了有效开展突发事件应对活动，保障应急管理体系正常运行所需要的应急预案、城乡规划、应急队伍、经费、物资、设施、信息、科技等各类保障性资源的总和，是针对可能发生的突发事件，为迅速、有序地开展应急行动而预先进行的组织准备和应急保障工作。应急准备主要是围绕应急响应工作所进行的人员、物资、财力等方面的应急保障资源准备。

地震应急准备是为了使未来的破坏性地震发生后能够高效有序地开展应急行动，减轻地震灾害给人们造成的伤亡和经济损失，而在组织体制、应急预案、灾情速报、指挥技术、资源保障、社会动员等方面所做的各种准备工作的综合体现。

延伸阅读

李湖生在《应急准备体系规划建设理论与方法》一书中，将应急准备定义为：为建立和维持政府、各类组织及个人的必要应急能力，以对突发事件预防、减灾、监测预警、应急响应和恢复重建等提供支持，从而避免和减轻突发事件可能造成的损失，所采取的包括计划、组织、装备、培训、演练、评估、改进等行动的持续循环过程。

应急准备的定义具有以下特点：

应急准备的主体包括政府、各类组织及个人，其核心是建立和维持必要的应急能力，以便在必要时积极主动地采取行动。

应急准备的过程包括计划、组织、装备、培训、演练、评估、改进等应急能力建设全过程，目标是增强应急能力。

应急准备本身不是突发事件生命周期中的一个阶段，但它为突发事件的预防、减灾、监测预警、应急响应、恢复重建等提供必要的资源与能力；它是应急管理的一个重要使命领域。

应急准备的基本理念是，即使突发事件不能完全避免，但通过积极主动地开展准备行动，在事件发生前更好地减灾、在事件发生后快速采取应对和恢复行动，突发事件所造成的影响及损失还是能够得到有效减轻。

案例分享

2016年3月，河北省政府地震应急工作检查组到张家口市和省直有关部门开展地震应急准备工作实地检查，检查组实地查看了应急产业园建设、粮食局物资储备、超市协议食品储备、医院药品器械储备、露天和人防工程应急避难场所设施配备，并对市、县（区）政府及其有关部门、市防震减灾指挥中心、热电厂、学校的预案及演练等应急准备情况进行检查，查看了河北省救灾物资储备中心，检查了各部门针对自身职责范围内的地震应急救援准备工作，包括抗震救灾组织体系、预案准备、应急救援队伍、维护治安、物资装备储备、校舍安全工程和农村抗震民居建设、地震次生灾害防范处置等方面的工作部署与落实情况。

二、地震应急预案

地震应急预案是指在"以预防为主，防御与救助相结合"的防震减灾工作方针指导下，事先制定的为政府和社会在地震发生（临震）前采取紧急戒备措施乃至在地震发生之后进行相应的应急处置抢险救灾的计划方案。

我国正式的地震应急预案制定工作始于20世纪90年代。1991年12月13日由国务院办公厅印发的《国内破坏性地震应急反应预案》，是我国第一部突发事件应急预案，1996年、2000年、2005年、2012年分别进行了四次修订。对我国地震应急工作产生了巨大的推动作用。目前的破坏性地震应急预案包括国家地震应急预案、地方地震应急预案、部门地震应急预案和企事业单位应急预案四个层级。

《国家地震应急预案》是国务院组织制定的专项应急预案，按国家有关法律法规指导全国抗震救灾工作，是指导全国地震应急预案制定的总纲。对于依法科学统一、有力有序有效开展抗震救灾工作具有指导意义。2012年8月28日最新修订的《国家地震应急预案》包括总则、组织体系、响应机制、监测报告、应急响应、指挥与协调、恢复重建、保障措施、对港澳台地震灾害应急、其他地震及火山事件应急、附则十一部分。

延伸阅读：如何加强预案的可操作性

预案的制定是各级政府和职能部门灾前预防与准备工作的重要环节，从实际工作需要和效果来看，重要的不是有没有预案及什么样的预案，而是要看预案的规范内容是否具有现实针对性，是否在应对处置工作中落实到位、可行与有用。

云南省是我国地震灾害最严重的省份之一，云南省地震局紧密结合云南实际，本着应急流程清晰、任务节点明确、内容模块化、操作方便快捷的原则，开发了《云南省特别重大地震灾害应急处置工作方案》，在此基础上编制了《云南省重特大地震灾害应急处置操作手册》，其功能定位是细化明确省级抗震救灾指挥机构在重大或特别重大地震灾害发生后分时段处置流程和各时段重点工作内容，服务于指挥长、副指挥长，为指挥部成员单位开展抗震救灾工作提供参考。

甘肃省地震局也在《甘肃省地震应急预案》《甘肃省重特大地震灾害应急处置流程》和岷县漳县抗震救灾经验总结的基础上编制了《甘肃省重特大地震灾害应急处置操作手册》，以增强预案的可操作性。

延伸阅读：预案中为何强调震后"立即自动"启动应急响应

《国家地震应急预案》规定"地震灾害发生后，地方人民政府和有关部门立即自动按照职责分工和相关预案开展前期处置工作"，这是地震应急的一项重要原则。由于地震灾害的发生具有突发性和毁灭性，造成被废墟埋压人员的生命岌岌可危，地震诱发的各种次生灾害接踵而至，灾区社会秩序面临失稳，因此地震应急刻不容缓。这就要求地震发生地的乡镇、县、市各级人民政府及其有关部门，必须采取不同于正常工作程序的非常方式，可以不需请示、不等上级政府指示、不等外部支援，立即自动启动应急响应，按照职责分工和相关预案开展前期处置工作，一要组织受灾群众开展自救互救；二要组织当地各类救援队伍开展搜索与营救；三要安置灾民、稳定社会。同时，边实施边向上级政府报告灾情，根据受灾的实际需求请求上级政府援助。

三、地震应急管理法制

中国的防震减灾立法工作早在20世纪80年代中期就已经开始了。为了对防震减灾工作实施有效的社会管理，国务院和县级以上地方人民政府及其负责管理地震工作的部门或者机构制定了相关的地震行政法规、部门规章、地方性法规和地方政府规章。

1988年，经国务院批准，当时的国家地震局正式颁布了《发布地震预报的规定》。这是中国第一部正式发布的防震减灾方面的行政规章。

1990年，当时的国家地震局开始组织专家制定地震法，但由于该法涉及的理论和实践问题很多，所以，从1990年底开始突出以防震减灾立法工作为重点，成立了由若干专家组成的《破坏性地震应急条例》立法起草小组，这是中国突发公共事件领域第一部与应急有关的行政法规。

1994年1月10日，国务院令发布《地震监测设施与地震观测环境保护条例》。

1995年2月11日，国务院令发布《破坏性地震应急条例》。

1997年12月29日，第八届全国人民代表大会常务委员会第二十九次会议通过《中华人民共和国防震减灾法》，它是中国防震减灾领域的基本法律。

1998年12月17日，国务院令发布《地震预报管理条例》。

2001年11月15日，国务院令发布《地震安全性评价管理条例》。

2007年8月30日，《中华人民共和国突发事件应对法》由第十届全国人民代表大会常务委员会第二十九次会议通过，并自2007年11月1日起施行。《中华人民共和国突发事件应对法》的颁布实施，是中国突发事件应对工作不断成熟的经验总结，也是中国应急法律制度走向法制统一的标志。

2008年6月8日，国务院令发布《汶川地震灾后恢复重建条例》。

2008年12月27日，《中华人民共和国防震减灾法》由第十一届全国人民代表大会常务委员会第六次会议修订通过，2009年5月1日起正式实施，对我国防震减灾领域中各个方面的社会关系作了全面的法律规定，是调整防震减灾领域中各个方面社会关系的基本法律规范。修订后的《中华人民共和国防震减灾法》共分九章、九十三条，包括总则、防震减灾规划、地震监测预报、地震灾害预防、地震应急救援、地震灾后过渡性安置和恢复重建、监督管理、法律责任、附则。

此外，为了加强防震减灾工作的制度化和法制化，国务院有关部委、地方人大以及地方人民政府先后出台了有关的规章和地方性法规。通过规定各级人民政府在地震应急以及震后救灾与恢复重建中的具体法律职责和法律义务，确保了防震减灾各项具体工作都能做到有法可依。1998年10月，国家地震局更名为中国地震局，先后制定和发布了7个具体的防震减灾领域的规章：《震后地震趋势判定公告规定》《地震行政执法规定》《地震行政复议规定》《地震行政法制监督规定》《地震行政规章制定程序规定》《建设工程抗震设防要求管理规定》和《地震安全性评价资质管理办法》。各地方人大也先后出台了《四川省防震减灾条例》《山东省防震减灾条例》等地方性法规。

这些法规、规章从全方位的角度规范了中国防震减灾领域的各项活动，为防震减灾活动的法治化提供了重要的法律依据。

四、地震应急准备文化

应急准备文化是与应急准备活动有关的科学知识、意识形态、价值观念、思想伦理道德、政治和法律、哲学和宗教、社会心理等文化、观念和行为准则及素质的总和。地震应急准备文化的建设是地震应急管理的组成部分，应急管理是其基础和保证。建设地震应急准备文化，重点是培养和学习改变人们的传统观念与认识，提高在经历和可能面临地震灾害时人们的应急能力以及地震应对突发事件时应具有的基本意识与素质，内涵应包括应急知识和科学技术的认知；应急意识的培养；法制、制度化建设及应急行为，等等。

例如"减灾示范社区"建设，按照《国家综合减灾"十一五"规划》的要求，各地积极开展"全国综合减灾示范社区"创建活动，在减灾工作制度建设、预案制定和演练、减灾设施和避难场所建设、减灾宣传教育活动等方面做了大量工作。基本条件包括：①社区居民对社区综合减灾状况满意率大于70%。②社区近3年内没有发生因灾造成的较大事故。③具有符合社区特点的综合灾害应急救助预案并经常开展演练活动。

"防灾减灾日"的设立。经国务院批准，自2009年起，每年5月12日为全国"防灾减灾日"；并设立防灾减灾宣传周，每年确定一个宣传主题，2018年第10个防灾减灾日的主题是"行动起来，减轻身边的灾害风险"。

案例分享 **我国首个国家地震安全示范社区**

由中国地震局、大连市人民政府主办，大连市地震局、沙河口区政府、大连永嘉集团承办的大连·永嘉尚品天城国家地震安全示范社区是我国首个地震安全示范社区。项目设计理念先进、抗震技术安全可靠、应急避难功能齐全，在地震安全社区建设的许多方面具有创新性和示范性。

该项目从建设规划设计入手，采用金属消能减震阻尼器等消能减震技术，提高了建筑物抗震设防实际能力。

规划设计建设了功能齐全的室内外应急避难场所。

在国内率先提出"社区、物业和业主共同参与安全社区管理"的理念，规划设计了包括社区应急制度、应急队伍、应急措施、居民家庭应急方案相结合的应急组织体系。

整合社会资源，建立了社区周边的物资供应、医疗、通信等应急合作机制，提升了社区综合应急能力。

五、地震应急演练

地震应急演练是指各级人民政府及其部门、企事业单位、社会团体等，组织相关单位及人员，依据有关应急预案，模拟应对由地震及其次生灾害所衍生的突发事件的活动。

桌面推演：是指参演人员利用地图、沙盘、流程图、计算机模拟、视频会议等辅助手段，针对事先假定的演练情景，讨论与推演应急决策及现场处置的过程，从而促进相关人员掌握应急预案中所规定的职责及程序，提高指挥决策和协同配合能力。桌面演练通常在室内完成。

实战演练：是指参演人员利用应急处置涉及的设备及物资，针对事先设置的突发事件情景及其后续的发展情景，通过实际决策、行动与操作，完成真实应急响应的过程，从而检验和提高相关人员的临场组织指挥、队伍调动、应急处置技能和后勤保障等应急能力。实战演练通常要在特定场所完成。

综合演练：是指针对区域应急预案中全部或者大部分应急功能，检验、评价区域应急救援系统整体应急处置能力的演练活动。综合演练要求预案所涉及的部门都要参加，以检查他们之间相互协调的能力，检验各个组织在较大压力的情形下能否充分地调用现有的人力、物力资源来减小事故的后果严重程度以及确保公众的安全与健康。

功能演练：是指测试和评价区域应急预案中的单个或者某几个应急功能的演练活动。功能演练除了可以像桌面推演一样在室内完成，还可以同时展开小规模的现场演练，调用有限的应急资源。比如疏散演练，就是模拟突发事件发生后，能否按照预案在预定时间内把人员疏散到安全区域。

延伸阅读

近年来，虚拟仿真技术在地震应急演练中使用并受到好评，应用 VR(Virtual Reality)虚拟现实技术、物理引擎技术、人工智能、实时渲染技术构建一个科学的、相对逼真的虚拟地震应急演练平台。通过虚拟地震灾害场景应急处置演练可以体验高度近似于真实现场的受灾情况，研究如何在时间限定的情况下对灾害事件迅速并恰当的处置分析和采取应对措施，有助于让参演人员认识在实际受灾现场中容易发生的错误，加深对应急预案与应急处置要点的理解，因此可以获得非常接近于实战的训练效果。同时，应急演练平台可以免除实战演练中的人力资源与装备物资的调动，节省地震废墟和灾害事件等演练场景的搭建设置费用，还可以保证演练的安全性。

六、地震应急避难场所

应急避难场所是为了人们能在灾害发生后一段时期内，躲避由灾害带来的直接或间接伤害，并能保障基本生活而事先划分的带有一定功能设施的场地。功能完备的应急避难场所可具有应急避难指挥中心、独立供电系统、应急直升机停机坪、应急消防设施、应急避难疏散区、应急供水等多种应急避险功能，形成一个集通信、电力、物流、人流、信息流等为一体的完整网络。

2017年5月12日，国家质检总局和国家标准化管理委员会正式发布了国家标准《地震应急避难场所运行管理指南》，并于2017年12月1日起正式实施，这是我国首个应急避难场所运行管理国家标准。

《地震应急避难场所运行管理指南》中将地震应急避难场所定义为"为应对地震等突发事件，经规划、建设，具有应急避难生活服务设施，可供居民紧急疏散、临时生活的安全场所"。

2008年发布的国家标准《地震应急避难场所场址及配套设施》中将地震应急避难场所分为以下三类：

——Ⅰ类地震应急避难场所：具备综合设施配置，可安置受助人员30天以上；

——Ⅱ类地震应急避难场所：具备一般设施配置，可安置受助人员10～30天；

——Ⅲ类地震应急避难场所：具备基本设施配置，可安置受助人员10天以内。

延伸阅读

我国开展地震应急避难场所的规划与建设时间较短，从2003年10月，北京市建成我国第一处地震应急避难所示范点，到2008年制定第一个国家标准《地震应急避难场所场址及配套设施》，才短短几年，汶川和玉树两次安置灾民较大的地震，均没有安置工作的总结、统计、分析，以进一步制定安置灾民的管理制度措施。2011年，北京市率先制定出台了《地震应急避难场所疏散安置预案编制指南》，对其地震应急避难场所的运行管理提出了规范的要求，并在此基础上组织编制了《地震应急避难场所运行管理规范》。2013年12月31日，中国地震局组织制定的国家标准《人员密集场所地震避险管理》（GB/T 30353—2013）正式发布。2017年5月12日，国家标准《地震应急避难场所运行管理指南》（GB/T 33744—2017）发布。全国各地的大中城市遵照这些标准大规模开展了避难场所建设。特别是接连经历了 2008 年汶川特大地震、2009年玉树地震和 2011 年东日本大地震后，各级政府对避难场所建设工作有了新的认识，提到了新的高度，各级政府积极响应，制定规划、推进地方避难场所建设标准和规范、建设高标准的室外避难场所等。

国际上开展地震应急避难场所建设以及建立避难场所运行管理制度最初源于欧美，在亚洲做得最好的是日本。在美国，避难场所是应急计划的一部分，通常在郡（县）一级进行部署。每个郡（县）可以依据自己的实际情况设置避难场所。比如在佛罗里达州，塞米诺尔郡的应急管理司与塞米诺尔郡的学校理事会、美国红十字会佛罗里达中部分会、塞米诺尔郡卫生局以及其他地方机构及志愿者共同负责设置适当的避难场所。根据塞米诺尔郡应急管理司的规定，共有三种公共避难场所：一是大众避难所（General Population Shelters），也就是公共避难所。该场地事先通过红十字会的检测并达到一定标准，有管理人员、足够的休息室并能提供足够的配餐。二是特需避难所（Special Needs Shelters），该避难所仅为有特殊需求的民众（需要进行医疗、物理、心理治疗）设置，这些人员不能同其他普通群众一起安置在公共避难所。三是最后诉诸避难所（Shelter Last Resort），该避难场所可能在灾害发生前刚被确定，但它们都经过美国红十字会的检测并同意使用。它们没有事先安排好的经过训练的管理队伍，通常也没有厨房和休息设施。仅能提供一个场地使人们免受风吹雨打。民众只是在这里暂时躲避，也许只有几个小时。

日本1973年制定的《大阪市地域防灾规划》就把避难所划分为临时避难所和收容避难所。1995年阪神地震之后，日本各省纷纷开始了应急避难场所运行的相关规范的制定。如：《熊本市地震避难所运营手册》《爱知县地震避难所运营手册》《大阪府避难所运营手册制作指南》，取得了非常好的时效，得到国际社会的高度称赞，并定期进行修订，使其更加细致完善。在日本，避难场所大致区分为三类：临时集合场所、开放避难场所和室内长期避难所。临时集合场所和开放避难场所属于紧急收容类，室内长期避难场所属于长期收容类。2011年"3·11"东日本9.0级大地震造成的罕见破坏力，特别是地震引发的海啸和核电站泄漏，令人触目惊心，在巨灾面前日本民众井然有序的疏散避灾生活，也为世界各国树立了学习样板。

案例分享

　　大连市地震安全示范社区项目澳南明秀庄园的应急避难规划中，基于大连地区冬季较为寒冷的气候条件，该区域应急避难场所规划设计考虑到冬季发生地震灾害时室外寒冷不适宜避难的极端情况；同时结合该区域位于城市繁华区，室外广场、绿地等空间少的实际情况，以及建筑物经抗震设防后已达到Ⅷ度不倒的前提，主要利用原有住宅、大型商场内部空间和大量的地下空间进行避难。原有住宅和大型商场作为室内空间可以解决冬季御寒的问题，同时能利用自身内部资源为应急避难提供一定的支持与保障；地下空间由于有地面覆盖层的保护具有一定的防护能力和更高的防御灾害能力。通过整合各种设施资源，可以为本社区人员和周边区域提供紧急疏散、临时避难的服务，保证10天内的基本生活需求。

七、地震风险评估

　　自然灾害风险是致灾因子、孕灾环境和承灾体脆弱性三方面共同作用而导致的。地震风险与地震的危险性密切相关，但又有所不同，地震危险性小的地区，地震风险也小，但地震危险性大，地震的风险却不一定大，一次7级地震发生在沙漠和发生在人口密度大的城市，其地震风险是不同的。地震风险还与承灾体脆弱性有一定的联系，同一震级下，不同城市受到的地震损失是不同的，承灾体脆弱性越高，则其遭受的损失也越大。地震风险的大小还受到防震减灾能力的影响，某一城市的防灾减灾能力强，则地震风险小，反之，地震风险会增大。

　　地震风险评估是指评价某一城市或地区地震发生的可能性以及对可能造成的震害后果所进行的定量分析和评估，包括地震风险识别，地震风险分析与地震风险评估等内容。地震风险识别主要目的是找出风险的来源，收集资料和数据，确定相关方法及标准等。地震风险分析是针对不同城市遭受的不同等级地震的可能性和震害后果进行分析预测，主要包括地震的危险性分析与承灾体的脆弱性评价。地震风险评估是在风险识别与分析的基础上，进行风险评估和分析。

延伸阅读

科技部和中国地震局共同主持的"2006—2020年之间的地震灾害风险评估"项目，主要研究我国潜在的重大地震发生的区域或位置，并对那个区域的脆弱性分析、地震风险预测数据进行收集，从而开展地震风险评估等。这项研究先是确定地震区，收集地壳相关信息，然后将这些数据收集起来，以此为基础来确定对这个区域的地震预测。对于长期的预测以及地震风险分析，还要把当地的人口、经济社会等相关数据收集起来，并和当地的地震案例相结合，来确定一个地方的地震脆弱性。然后制定模型，进行地震风险评估，这个研究结果就可以用于确定我国在这个时段的地震重点保护区。通过研究（2006—2020年）确定，我国有25个重点防护区，其中包括没有在重防区的省会城市（不含西藏）。

汶川地震后，2009年，教育部、住房和城乡建设部联合对全国部分地区的中小学校进行全面加固。这项工程就是根据中国地震局地震研究所提供的未来地震灾害风险评估的结果为依据进行的。

地震灾害风险评估是区域防灾的前提，工业越是发达的省份，城市、制造业越密集、人口越多的地方，受地震影响就越大。由此，要想在区域范围内减少地震灾害损失，必须合理考虑产业布局，将制造业、电力工业尽量安排在地震危险性小的地区，同时在进行交通、通信等基础建设项目时，必须充分考虑未来防震工作的需要。

八、地震防灾对策

地震防灾对策是研究减轻地震灾害，获取最大社会经济效益的最佳战略和战术，包括震前的预防、震时与震后的救灾、恢复重建工作及相关政策。地震防灾对策主要包括：制定和完善防震减灾法律法规、加强法治、建立健全建（构）筑物抗震设防，震后重建的标准体系并在实践中付诸实施。制定防震减灾规划，开展区域性地震风险评估和合理规划使用国土。加强地震监测、预测预报和建（构）筑物抗震设防科学技术研究。健全地震应急预案体系，制定并完善各级人民政府以及各大型企业的地震应急预案，设立抗震救灾指挥系统，建立避险和临时安置场所，编制卫生防疫计划、伤病员救治转移方案、交通管制方案、应急通信方案、预防及处置地震次生灾害方案等。开办地震灾害保险等。

延伸阅读

建立地震巨灾保险制度是一种有效的救助方式，也是提高公众抗御地震灾害能力的一种有效途径，有利于实现将单一的依靠政府救助的救灾模式向多渠道、多方位救助模式转变，将救灾与风险防范紧密结合，将政府救助与灾区民众自救紧密结合，做到充分调动社会资源，增加救助力量，提高灾区恢复重建能力。2006年，在中国保监会征求中国地震局关于促进保险业发展指导性文件意见时，中国地震局提出加强地震等巨灾保险相关基础研究、逐步建立完善巨灾再保险制度等意见。之后陆续发生了汶川、玉树、芦山、鲁甸等破坏性地震，期间地震部门也一直积极配合推动地震巨灾保险制度的建立。在保监会等有关部门的努力下，地震巨灾保险也在宁波、深圳、大理等地开展了试点。2014年8月10日，国务院印发《关于加快发展现代保险服务业的若干意见》（国发〔2014〕29号），对加快推进建立地震巨灾保险制度提出了明确要求。2016年4月16日，由中国保险行业协会牵头组织，45家财产保险公司组成的中国城乡居民住宅地震巨灾保险共同体在北京成立。保险共同体风险共担，对于推动我国地震巨灾保险制度在全国范围内先行先试有重要的示范意义。5月11日，中国保监会、财政部出台了《建立城乡居民住宅地震巨灾保险制度实施方案》。随后，保监会委托中国保险行业协会编制了《中国保险行业协会城乡居民住宅巨灾保险示范产品（试用版）》，并征求中国地震局意见，中国地震局就费率厘定等提出建议被采纳。5月13日，中国保险学会和中国地震学会签订战略合作备忘录，联合深入推进地震保险研究。5月18日，云南大理云龙县发生5.0级地震，地震部门通过现场工作，向地方政府、承保公司通报了受灾区域范围和损失评估情况，2800万农房地震保险赔款快速到账，有效分担了政府财政压力，弥补了地震恢复重建资金不足，减轻了灾区群众负担。6月28日，中国灾害防御协会、中国保险行业协会在河北唐山联合举办"2016中国风险管理峰会－地震巨灾保险"论坛，来自保险行业、地震行业、高等院校、科研机构的200多名代表，就巨灾保险理论与实践、防灾减损和风险处置进行研讨，分享经验，奉献智慧。7月1日，中国城乡居民住宅地震巨灾保险产品正式全面销售，标志着我国城乡居民住宅地震巨灾保险制度正式落地。9月20日，中国保险学会和中国地震学会在《战略合作备忘录》基础上，联合发文决定成立中国地震风险与保险实验室。实验室技术支持单位为中国地震局地球物理研究所和中国财产再保险有限责任公司，实验室主任由地球所李小军研究员担任。10月19日，中国地震局地球物理研究所和中国财产再保险有限责任公司签订《关于支持中国地震风险与保险实验室建设合作备忘录》，筹备正式挂牌运行中国地震风险与保险实验室。11月9日，河北省金融工作办公室联合省财政厅、省民政厅、省地震局、省住建厅和保监会河北监管局等共6个部门印发了《张家口市开展城乡居民住宅地震巨灾保险的实施方案》，对保险责任、保险期限、保险费率和保费等具体内容做了详细说明，对运行模式做了具体介绍，对省政府有关部门责任进行了明确分工。省地震局作为工作协调小组成员参加，负责开展河北省地震风险研究、风险区划制定、历史灾害数据分析整理、未来灾害发展预测等相关工作，为保险公司承保理赔提供数据支持、权威震灾等级和地震灾害评估服务。12月26日，中国城乡居民住宅地震巨灾保险运营平台在上海保交所正式上线运行，为中国城乡居民住宅地震巨灾保险共同体提供承保理赔交易结算等一站式综合服务。

九、防灾规划

预防规划体系，是指政府在制定社会总体发展规划时，为建立一个防御灾害能力强的社会需要进行各种防灾事业而制定的规划。政府在制定灾害预防规划时，通过对所在地区可能存在的各种灾害进行预测，并就这些灾害对所在地区可能造成什么样的危害和影响以及该地区的灾害防御能力进行科学预测与评估，在此基础上，针对不同种类的灾害制定详细的灾害预防规划，并按照灾害预防规划的要求推动相应的防灾事业的实施。各地区灾害特征各不相同，所以灾害预防规划的内容也会因地区的不同而不尽相同，但大致包含下列主要内容：

（1）建筑物、基础设施的防灾性能加固规划：对于建筑物、土木工程、道路桥梁、通信设施、生命线工程等基础设施制定抗震加固、防汛墙的加固规划方案，以提高规划地区的灾害防御能力。

（2）避难场所和救灾物资储备规划：根据预测到的可能发生的最大灾害，对灾害时灾区避难人数及避难时间、救灾物资的种类与数量进行科学的预测，制定出避难所和救灾物资储备等规划方案，并按规划要求建设好相应的避难场所，储备各种相应救灾物资。如日本东京都规划建设了约3000处避难场所，可供大约392万灾民同时避难，并储备了能够确保全东京都3个星期每人每天3升的饮用水和3天用的食物。

（3）防灾教育和防灾训练规划：地区防灾能力的提高除了以上硬件的建设外，民众防灾意识的强弱、防灾教育程度、防灾演习的熟练程度等非工程性措施都将直接影响防灾减灾的效果。如国外一些国家就非常重视非工程性防灾减灾战略。所以，为了普及民众的防灾意识，针对不同对象制定长期的防灾教育和防灾演习规划，包括灾害管理人员的培训规划，并通过培养大量的灾害管理人员，来推动防灾规划的实施。

延伸阅读

　　2016年11月17日，为贯彻党中央、国务院关于加强防震减灾工作的决策部署，落实《中华人民共和国防震减灾法》和《中华人民共和国国民经济和社会发展第十三个五年规划纲要》精神，全面提高我国抵御地震灾害综合防范能力，健全防震减灾救灾机制，最大限度减轻地震灾害损失，按照国务院防震减灾工作联席会议部署，国家发展改革委、中国地震局会同有关部门编制了《防震减灾规划（2016—2020年）》。

　　2016年12月29日，为贯彻落实党中央、国务院关于加强防灾减灾救灾工作的决策部署，提高全社会抵御自然灾害的综合防范能力，切实维护人民群众生命财产安全，为全面建成小康社会提供坚实保障，依据《中华人民共和国国民经济和社会发展第十三个五年规划纲要》以及有关法律法规，国务院办公厅印发了《国家综合防灾减灾规划（2016—2020年）》。

十、抗震设防

抗震设防简单地说，就是为达到抗震效果，在工程建设时对建筑物进行抗震设计并采取抗震措施。抗震措施是指除地震作用计算和抗力计算以外的抗震设计内容，包括抗震构造措施。

抗震设防通常通过三个环节来达到：确定抗震设防要求，即确定建筑物必须达到的抗御地震灾害的能力；抗震设计，采取基础、结构等抗震措施，达到抗震设防要求；抗震施工，严格按照抗震设计施工，保证建筑质量。上述三个环节是相辅相成、密不可分的，都必须认真进行。

建筑工程应分为以下四个抗震设防类别：

（1）特殊设防类：指使用上有特殊设施，涉及国家公共安全的重大建筑工程和地震时可能发生严重次生灾害等特别重大灾害后果，需要进行特殊设防的建筑。简称甲类。

（2）重点设防类：指地震时使用功能不能中断或需尽快恢复的生命线相关建筑，以及地震时可能导致大量人员伤亡等重大灾害后果，需要提高设防标准的建筑。简称乙类。

（3）标准设防类：指大量的除（1）、（2）、（4）款以外按标准要求进行设防的建筑。简称丙类。

（4）适度设防类：指使用上人员稀少且震损不致产生次生灾害，允许在一定条件下适度降低要求的建筑。简称丁类。

延伸阅读

防御地震灾害，必须高度重视抗震设防。汶川地震中，震区内的水电重大工程，根据地震安全性评价结果采取了抗震设防措施，经受住了考验，包括紫坪铺在内的1996座水库、495处堤防虽有部分出现不同程度的沉降错位，附属设施遭到一定破坏，但大坝主体没有严重破坏，无一溃坝。地震安全农居建设是改变我国农村基本不设防现状的重大举措，这一举措在汶川地震中充分体现了减灾实效。地震烈度为Ⅷ度的四川什邡市师古镇农村民居80%损坏，而该镇宏达新村地震安全农居却100%完好；地震烈度为Ⅷ度的甘肃文县临江镇东风新村，武都区外纳乡李亭村和桔柑乡稻畦村，由于实施了地震安全农居工程，所有农居安然无恙。2003年巴楚—伽师地震后，新疆计划用5年的时间，投资10个亿，实施"城乡抗震安居工程"。2015年新疆皮山6.5级地震，抗震安居房是皮山地震灾害损失严重、但人员伤亡较轻的主要原因。

十一、地震灾害预警

地震灾害预警是指大地震已发生，抢在严重灾害尚未形成之前发出警告并采取措施的行动。实现地震预警有三种基本技术途径：一是利用地震波和电磁波传播的速度差异；二是利用地震波本身在近处传播时纵波（P波）与横波（S波）传播速度的差异；三是利用致灾地震动强度阈值。地震预警技术系统一般包括地震检测、通信、控制与处置、警报发布等组成部分。

一般来说，地震预警系统只对距离震中50～200千米范围内的地区有效。对于50千米以内的地区，预警时间太短而来不及响应，这就是所谓的地震预警盲区。而对于200千米以外的地区，地震影响程度可能很低，产生的破坏不严重，发出预警信息已经没有价值了。

案例分享

2014年4月5日早上6时40分，云南昭通永善县（北纬28.1°，东经103.6°）发生5.3级地震，震源深度13千米。与永善县一江之隔的雷波县，在地震波到达前36秒成功预警。雷波县委、县政府迅速反应，立即启动应急预案，确保了该县未发生人员伤亡和较大灾情。地震预警系统第一次在雷波县发挥出它的神奇作用。在雷波县城关小学安装的地震预警系统，已经调试为对5级以上地震进行预警。当发生对学校有影响的地震时，地震预警信息接收服务器会通过互联网接收到地震预警发布服务器发布的信息，终端自动打开广播系统发出警报。由于电波的传播速度比地震波快得多，当警报声响起时，破坏性地震波还没有到达学校，师生能及时避险，减少伤害。

延伸阅读

国家地震烈度速报与预警工程。地震烈度速报和预警是减轻和应对灾害的有效手段，是落实习近平总书记关于加强灾害监测预警和风险防范能力建设要求的重要举措。目前，地震烈度速报和预警技术在日本等多地震的国家及地区得到较好的应用。地震预警是利用震中附近密集的地震台网快速估算地震影响范围和程度，利用电磁波传播速度远远快于地震波传播速度的规律抢在破坏性地震波到达震中周边地区之前，发布警告信息，为公众紧急避险、高铁、核电等重大工程紧急处置提供支持，为震灾后科学高效调配救灾力量，最大限度挽救生命提供服务。国家地震烈度速报与预警工程已于2015年6月通过国家立项批复。主要内容是建设国家地震烈度速报与预警系统，实现地震烈度速报与预警功能，向政府部门、社会公众提供全国分钟级仪器地震烈度速报和重点地区秒级地震预警服务。通过工程建设，推动形成地震预警体系，加强我国防灾减灾救灾科技支撑能力建设，健全防灾减灾救灾法制体系，促进防灾减灾知识的普及。

十二、地震救援装备

专业地震救援队伍，尤其是重型救援队，为达到管理、搜索、营救、后勤、医疗五大功能模块的专业化要求，需要队伍配备多达上千种装备和物资。广义的地震救援装备，是指地震救援队伍用来完成地震救援任务的所有装备和物资，以及搜救犬。一般分为侦检装备、搜索装备、营救装备、通信装备、医疗装备、信息与评估（技术）装备、后勤保障装备、救援车辆等八大类。其中，搜救犬归属于搜索装备；救援队所使用的药品与医用耗材归属于医疗装备；生活物资归属于后勤保障装备。

装备种类	基本定义	二级分类
侦检装备	在灾害现场检测环境中危险因素的设备	气体、放射、漏电
搜索装备	在灾害现场进行生命搜索定位的设备	人工、生物、仪器
营救装备	在灾害现场开辟安全通道和搬运受困者的设备	破拆、顶升、移除、绳索、动力照明、辅助、安全
通信装备	在灾害现场进行现场联络、远程通信的设备	现场联络、远程通信
医疗装备	在灾害现场实现生命支持和洗消防疫的设备	救治、消毒、疫情防控
信息与评估（技术）装备	在灾害现场对建（构）筑物的安全进行评估、通信以及为救援队提供灾情信息服务的设备	建（构）筑物评估、技术信息、通信
后勤保障装备	在灾害现场为救援行动提供后勤服务的装备物资	办公、动力照明、生活、个人、维修
救援车辆	提供承载指挥、通信、营救及后勤保障的机动运载设备	装备器材车、保障车、其他运输车辆

延伸阅读

据不完全统计，汶川地震救援中，各类专业救援队投入使用的救援装备主要类型有搜索、顶撑、破拆等主要功能系列，以及通信、动力、照明、营救辅助、车辆、个人防护等救援配套装备系列。其中，搜索设备主要有声波/振动、光学、红外、电磁波/微波等类型以及搜救犬，破拆设备主要有液压、燃油、电动、手动等类型，顶撑设备主要有液压、气动、手动等几个类型。

汶川地震救援案例的总结研究表明，顶撑、破拆类装备在救援中发挥了极为重要的作用。在多层框架结构废墟的救援中，人员手工的力量基本无法企及；由于可控性较差，如若使用工程用途大型吊装、推铲和凿破设备，对被埋压幸存者的生命可能造成极大威胁，难以安全有效使用；而小型专业救援顶撑、破拆等设备则成为多层砖混和框架结构废墟救援最为有效的技术途径，其对废墟中救援成果的技术贡献率最高。调查结果还表明，目前的吊装、挖掘推土等装备在专项功能、机动性、规格尺寸及重量等方面尚不能满足陡峭山地、大规模建构物废墟区域的救援辅助作业。

汶川8.0级地震初期，基础公共通信网络设施遭受严重破坏，卫星通信也出现堵塞，重灾区的通信完全中断，救援队伍与指挥部之间无法快速准确地进行指令信息交换，救援队伍无法在最快的时间到达灾情最重的区域，执行最紧迫的救援任务，指挥机构也无法快速下达救援指令，严重影响了救援力量的指挥调动。调查结果显示，大震巨灾初期，包括大多数国际主流品牌在内的生命搜索定位装备在复杂地质地貌及大规模建（构）筑物废墟中的生命搜索效能极为有限。

延伸阅读

联合国将城市搜索与救援队伍分为"重、中、轻"三个级别，"重、中、轻"三种队伍代表了三个救援能力层级和等级，队伍救援能力的不同意味着在灾区所承担的任务不同，所需要配备的装备类别、数量也都不相同。

队伍等级	队伍能力	装备及救援能力
重型	要求具备中型队级别的全部能力外，还应具备在两个不同场所进行坍塌损坏的钢筋混凝土加固结构或钢结构建筑中执行搜索和救援行动的能力，必须兼具犬搜索和技术搜索功能	具备中型队装备的基础上，通信需具备无线电、卫星电话、计算机、传真机和互联网接入功能；建筑物结构鉴定和结构支撑搭建技术及设备，切割直径为20毫米金属的切割设备；凿破450毫米混凝土和300毫米木料切割设备；组装支撑底板和其他需要的支撑系统的装备，利用顶升技术，最大顶升能力2.5吨（手动）及20吨（机械）的设备；正确使用仪器和犬搜索
中型	要求在一个场所进行坍塌或损坏的重型木结构、加固结构、轻型钢结构木框架及其他轻质建筑物结构中执行搜救行动，需具备犬搜索和技术搜索功能	具备轻型队装备的基础上，通信需具备无线电、卫星电话、计算机、传真机和互联网接入功能；建筑物结构鉴定和结构支撑搭建技术及设备，切割直径为10毫米金属的切割设备；凿破300毫米混凝土及木料切割设备；搭建垂直支撑系统的装备，利用顶升技术，最大顶升能力1吨（手动）及12吨（机械）的设备；正确使用仪器和犬搜索
轻型	要求在木质结构或轻金属组成的建筑，无钢筋混凝土的建筑，土坯或是泥质房屋或是竹子搭建的房屋内开展救援	具有手动操作的切割工具，绳索，用于稳定受损结构支撑和支持，具备保障全员以及伤员的医疗装备，包括固定和包扎所需的生命支持装备

案例分享

各地救援队伍可以根据自身实际，配备相应救援装备。安徽省地震应急装备库、救援器材装备库和紧急救援队装备库，所配装备及仪器主要包括：

地震流动监测类：流动地震监测台及软件处理系统、流动监测辅助设备、现场办公设备等。

救援装备类：顶升、破拆、扩张、剪切、动力、各类建工工具等。

通信装备类：海事卫星电话、车载电台、无线网络系统、视频会议系统、对讲机等。

交通保障类：地震救援装备车、通信指挥车、各类越野车等。

个人防护装备类：各类救援服、三季户外工作服、各类训练鞋、防穿刺靴、头盔、面具、防割手套等。

工具类：GPS、罗盘及指南针、发电机和太阳能电池、照明、背包、帐篷、睡袋等。

医疗急救类：各类担架、急救工作台、夹板、急救药品等。

十三、应急物资

在突发事件应急处置过程中所必需的保障性物资，称为应急物资。从广义上概括，凡是在突发事件应对的过程中所用的物资都可以称为应急物资。应急物资可以由负责突发事件应对的政府职能部门提供和管理，也可以由社会甚至公民个人提供。

应急物资是一个宽泛的概念，它的来源、内容、形态、使用以及管理等内涵相当复杂。应急物资是一个综合性集合体，大致可划分为防护用品、生命救助、生命支持、救援运载、临时食宿、污染清理、动力燃料、工程设备、器材工具、照明设备、通信广播、交通运输、工程材料十三个大类。

《中华人民共和国突发事件应对法》第三十二条规定："国家建立健全应急物资储备保障制度，完善重要应急物资的监管、生产、储备、调拨和紧急配送体系。设区的市级以上人民政府和突发事件易发、多发地区的县级人民政府应当建立应急救援物资、生活必需品和应急处置装备的储备制度。县级以上地方各级人民政府应当根据本地区的实际情况，与有关企业签订协议，保障应急救援物资、生活必需品和应急处置装备的生产、供给。"

地震应急物资是破坏性地震发生后应急、救助所必须的急用物资，包括物资、装备、仪器、设备、器械、用品、材料等。震后应急物资是地震灾害应急救援的基本保障，其管理决策的效果直接关系到应急救援行动的成败，充足的应急物资储备量、合理的应急物资储备结构、规范的应急物资储备管理、适宜的应急物资储备布局、有效的应急物资运输调度，有利于地震灾害发生后，利用有限的人力、物力、财力来提高应急响应的工作效率，并将地震灾害所带来的损失降低到最低程度。

地震灾害的特点决定了地震灾害应急物资需求具有突发性、紧迫性、不确定性、种类多、数量大等特性。

（一）地震灾害应急物资需求的突发性

地震灾害在短时间内发生，在受灾地区瞬间摧毁一大片区域，常常会带来严重的人员伤亡和重大的经济损失，造成灾区在短时间内对应急物资的大量需求。

（二）地震灾害应急物资需求的紧迫性

地震灾害发生后，应急物资必须快速送往地震受灾地区，以便地震应急救援工作的迅速开展，以最大程度减少地震灾害所产生的损失。

（三）地震灾害应急物资需求的不确定性

地震灾害发生后，地震灾区在一定时间之内处于信息中断状态，灾区外部无法与灾区内部交流。同时由于受灾区域较大，相关信息收集需要较长时间，因此存在着各种不确定性，应急物资需求的不确定性是其中一个重要方面。

（四）地震灾害应急物资需求的多样性和大量性

地震灾区由于受到的灾害程度一般较为强烈，因此需要各类应急物资来为应急救援工作的开展提供便利条件，常用的应急物资有前文提到的十三类应急物资，其中每一类又可分为许多品种。同时地震灾害波及影响的范围较广，因此对于应急物资的数量需求较大。

（五）地震灾害应急物资需求的空间非均匀性

地震产生的特点，导致地震受灾程度在空间上呈现空间非均匀性，同时结合人口分布在空间上的非均匀性，因此导致了应急物资需求的空间非均匀性。

延伸阅读

我国救灾物资储备体系的发展。早在1998年，民政部、财政部就下发了《关于建立中央级救灾物资储备制度的通知》，但由于中央资金投入的不足，中央储备的救灾物资种类和规模都非常有限。直到2006年，国家发展改革委批准民政部编制的《中央级救灾物资储备库建设规划》，决定安排中央预算内投资对天津、沈阳、哈尔滨、合肥、郑州、武汉、长沙、南宁、重庆、渭南和乌鲁木齐等11个中央救灾物资储备库进行改扩建，并新建拉萨、格尔木、喀什等3个救灾物资储备库，中央救灾物资储备规模才有了较大改善，占到了各级储备的救灾物资总量的大头。虽然如此，到2008年汶川特大地震发生时，全国各级储备的救灾物资仍然严重不够，以帐篷为例，当时中央储备的总量在18万顶左右，与灾区近100万顶帐篷的需求相差甚远，不得不紧急协调浙江等地的生产厂家加急生产供应。

经过汶川地震以来10多年的发展，中央救灾物资已增加到包括救灾帐篷、救灾被服和救灾装具在内的三大类共17种物资（表1），中央储备的规模也翻了番。截至2018年

3月，中央库存救灾物资总的数量为216万件（顶、件、床、套、张、个），储备物资价值近9亿元，其中主要的物资包括帐篷34.61万顶、棉大衣42.9万件和棉被83.41万床。作为补充，国家还建立涵盖民政、财政等部门的中央救灾物资应急采购机制。

表1　中央救灾储备物资种类

大类	具体种类
救灾帐篷	12平方米单帐篷、20平方米单帐篷、36平方米单帐篷、60平方米单帐篷、12平方米棉帐篷、20平方米棉帐篷、36平方米棉帐篷（7种）
救灾被服	棉大衣、棉被、睡袋（3种）
救灾装具	折叠床、折叠桌椅、简易厕所、场地照明设备、苫布、炉子、应急灯（7种）

根据中央和地方分级储备的原则，在全国救灾物资储备体系的引导和中央财政的支持下，地方各级也开展了救灾物资储备工作，结合各地救灾工作需求，地方储备的物资除救灾帐篷、棉衣、棉被等生活类救灾物资外，还包括毛毯、睡袋、棉鞋、折叠床、救生衣、发电车、取暖设备和食品等救灾物资。地方政府有关部门还采用代储、预购、协议供货等形式，与本地骨干企业、大型超市等建立救灾物资协议储备制度，救灾物资供给和保障能力显著增强。

案例分享

汶川地震由于地震灾害过于巨大，灾区通信、交通中断，地方政府及其职能部门组织管理出现问题，使得地震初期的应急物资供应也出现了一定混乱和无序，如都江堰大量方便面、饮用水、饼干等救援食品堆积如山，保管、存放都面临极大压力，而同时其他很多灾区却缺乏必要的救援物资，甚至一些生活必需品匮乏。

案例分享

2004年10月23日，日本新潟中越发生6.8级地震，城市建筑倒塌严重，数万群众被疏散，震后应急物资紧缺，相关防灾机构全力开展救助活动，但一直无法满足灾民的需求。以食品为例，最初时，食品的数量无法满足，当数量可以满足后，在供应时间上又无法满足，出现午餐要到半夜才能送到等情况；之后又出现食品的质量无法满足群众需求，比如太凉了，群众想要吃热食，或是品种太单一等问题。之后，日本政府在灾害应急对策时间表的改进编制中，考虑到人的实际需求和时间变化，确定需求的优先顺序，比如：食品供应，先考虑数量，再兼顾供应时间、热食、盐分及热量摄入等因素；生活用品供应，先考虑最基本生活用品，再兼顾女性和婴幼儿生活用品等。

十四、队伍建设

（一）地震灾害紧急救援队伍

省、自治区、直辖市人民政府和地震重点监视防御区的市、县人民政府根据实际需要，按照一队多用、专职与兼职相结合的原则，建立地震灾害紧急救援队伍。地震灾害紧急救援队伍应当配备相应的装备、器材，开展培训和演练，提高地震灾害紧急救援能力。地震灾害紧急救援队伍在实施救援时，应当首先对倒塌建筑物、构筑物埋压人员进行紧急救援。

目前，我国各省、自治区和直辖市纷纷依托消防部队、解放军部队建立了地震灾害紧急救援队。

（二）国家地震灾害紧急救援队

国家地震灾害紧急救援队（对外称中国国际救援队，英文名称为China International Search & Rescue Team，简称CISAR），于2001年4月27日成立。主要执行国内外地震灾害或其他突发性事件造成建

（构）筑物倒塌而被埋压的人员实施紧急搜索与营救任务。在党中央、国务院、中央军委的统一领导下，中国国际救援队按照"一队多用、专兼结合、军民结合、平战结合"的组建原则，形成一支反应迅速、机动性高、突击力强的，能随时执行国内外地震紧急救援任务的国家地震灾害紧急救援队。中国国际救援队由地震技术专家、解放军某部队搜救队员、原武警总医院医疗队员组成，共计480人，具备同时在3处复杂城市条件下异地开展救援的能力，也可以同时实施9处一般城镇或18处作业点位的搜索救援行动。中国国际救援队自成立以来，按照国务院、中央军委的要求，先后执行了四川汶川、青海玉树、四川芦山、云南鲁甸地震等11次国内救援任务，实施了阿尔及利亚、伊朗、印度尼西亚、尼泊尔等10次13批国际救援行动，共成功营救65名幸存者，医治4万余名伤病员，得到了灾区政府和人民群众的一致肯定，用实际行动赢得了受援国和国际社会的广泛赞誉。2009年11月，中国国际救援队通过了联合国重型救援队分级测评，成为当时亚洲第2支全球第12支具有国际重型救援队资格的救援队。2014年8月通过联合国重型救援队测评复测。

（三）国家综合性消防救援队伍

2018年10月，中共中央办公厅、国务院办公厅印发《组建国家综合性消防救援队伍框架方案》，就推进公安消防部队和武警森林部队转制，组建国家综合性消防救援队伍，建设中国特色应急救援主力军和国家队作出部署。《组建国家综合性消防救援队伍框架方案》包括一个总体方案和职务职级序列设置、人员招录使用和退出管理、职业保障三个子方案。

组建国家综合性消防救援队伍，是以习近平同志为核心的党中央坚持以人民为中心的发展思想，着眼我国灾害事故多发频发的基本国情作出的重大决策，对于推进国家治理体系和治理能力现代化，提高国家应急管理水平与防灾减灾救灾能力，保障人民幸福安康，实现国家长治久安，具有重要意义。这支队伍由应急管理部管理，实行统一领导、分级指挥，设有专门的衔级职级序列和队旗、队徽、队训、队服。

2018年11月9日，中共中央总书记、国家主席、中央军委主席习近平在人民大会堂向国家综合性消防救援队伍授旗并致训词，他指出，改革转制后，你们作为应急救援的主力军和国家队，承担着防范化解重大安全风险、应对处置各类灾害事故的重要职责，党和人民对你们寄予厚望。他强调，组建国家综合性消防救援队伍，是党中央适应国家治理体系和治理能力现代化作出的战略决策，是立足我国国情和灾害事故特点、构建新时代国家应急救援体系的重要举措，对提高防灾减灾救灾能力、维护社会公共安全、保护人民生命财产安全具有重大意义。

（四）现场地震工作队伍

现场地震工作队伍的主要任务是，大震发生后，紧急派赴地震现场，对灾区地震及前兆进行监测，并进行分析，提出今后地震趋势分析意见；对灾害损失，包括人员伤亡、房屋倒塌、生命线设施破坏、经济损失进行评估；并对地震进行科学考察。该队伍主要由国家和省、自治区、直辖市地震部门组织。

现场地震工作队伍，实行统一领导、分级分类组建管理。通常情况下现场地震工作队伍分为二级。

1. 中国地震局地震与火山现场工作队

由中国地震局组建管理，负责严重破坏性地震或造成特大损失的严重破坏性地震，以及有重要影响（或有研究价值）的地震现场调查与科学考察工作，指导并协助震区省级地震局的现场应急工作。中国地震局地震与火山现场工作队还承担在火山喷发或者出现重大火山异常现象后的现场应急工作，火山现场工作机制与地震现工作机制相似。

2. 省级现场地震工作队伍

由省级地震局组建管理，负责一般破坏性地震并参与严重破坏性地震或造成特大损失的严重破坏性地震的现场调查与科学考察工作。

中国地震局现场地震工作队伍和省级现场地震工作队伍在队伍

性质、任务方面基本一致。但国家队在人员组成、装备水平、机动性能等方面将优于省级工作队。特别是人员方面，国家队主要由高水平专家群体组成，工作经验和能力十分强大，可以完成在国内任何地点开展地震现场工作的要求，而省级队主要是完成所在省份地震现场工作。

现场地震工作队伍通常设立专业工作组，包括：地震灾害损失调查与评估组、地震现场建筑物安全鉴定组、现场地震监测组、现场分析预报组、地震现场科学考察组以及火山监测、预测及灾害评估组。

（五）第一响应人队伍

第一响应人是指经过训练的，在突发事件发生后第一时间赶到现场，能够组织信息收集与上报、指挥现场民众徒手或利用简单工具开展应急与救援的人员。如灾区当地的居民、警察、基层官员、消防人员、急救医护人员、保安员、学校教师、基层组织（如社区、居委会等）负责人、公司企业负责人及志愿者等。由第一响应人组成的队伍即第一响应人队伍，第一响应人队伍能够快速响应，大大提升灾后生命救活率，实现了群众自救互救和专业救援之间的有效衔接，对于提高基层处置灾害综合能力有重要意义。

延伸阅读

2001年国家地震灾害紧急救援队组建以来，中国依托军队、武警、消防、安监等力量建立了国家、省级、市县级三个层次的地震灾害紧急救援队伍体系。2008年汶川地震之后，中国修订了《中华人民共和国防震减灾法》和《国家地震应急预案》，救援队伍体系得到了扩充，截至2015年底，中国省级以上地震灾害紧急救援队伍已超过80支、12000多人，多数省（自治区）都建立了与消防、武警合作的至少两支省级救援队伍，市县级、社会组织救援队伍发展也十分迅速。这些队伍在汶川、玉树、芦山等地震灾害应对中发挥了关键作用，极大地挽救了人民生命和财产损失，受到党和政府的高度肯定，得到社会广泛关注和赞誉。

延伸阅读

I. 联合国国际救援队伍分级测评

联合国救援组织国际搜索与救援咨询团（International Search and Rescue Advisory Group，简称INSARAG）总结1985年墨西哥地震、1988年爱沙尼亚地震、1999年土耳其地震等重大地震灾害的国际救援行动经验，发现由于各国派出的救援队规模各异、能力参差不齐，对灾害现场救援资源的调用与协调造成了混乱和浪费。联合国INSARAG决定建立一套系统化的城市搜救队伍标准和规范，并开展救援队伍分级测评，分级测评将国际救援队分为重型、中型和轻型三个级别，对各级队伍的组织结构及其最低人数要求进行了规定。联合国国际救援队伍分级测评（INSARAG External Classification，简称IEC）是联合国针对各国际救援队的队伍管理、后勤保障、搜索、营救和医疗救护等能力而进行的全面、深入、客观、规范的评估与核查，始于2005年。分级测评的内容主要包括两方面：管理协调和技术技能。管理协调测评主要针对救援队组成单位的组织领导和协调指挥能力；技术技能测评主要针对救援队完成具体特定任务的能力。通过联合国组织的测评并获得国际重型救援队资格，就具备了实施国际救援任务的准入证明。通过联合国组织的测评并获得国际重型、中型救援队资格，就具备了实施国际救援任务的准入证明。同时，通过测评的救援队5年后必须进行复测，确保救援队的能力维持在较高的水平。联合国形成了一套完整的测评工作体系，包括系统化的测评/复测工作机制、标准规范的测评/复测工作流程及方法、INSARAG测评/复测工作手册、INSARAG

测评/复测检查表以及一批来自世界各地的日臻成熟的测评专家和测评教练队伍，该测评体系得到INSARAG成员国极大的支持，并对国际城市搜救队的发展以及联合国国际救援协调工作体系的顺利运行发挥了重要作用。INSARAG只组织测评重型和中型救援队，截至2018年5月，全球通过INSARAG国际重型和中型救援队测评的队伍达到49支，通过联合国重型及中型救援队复测的队伍有26支。

II. 我国地震灾害紧急救援队伍分级测评

2016年，《中国地震灾害专业救援队能力分级测评工作指南》编制完成。地震灾害紧急救援队伍测评工作是对队伍的管理、搜索、营救、医疗、后勤等五大方面能力的综合测试和评价。参照联合国队伍分级标准，将我国地震灾害专业救援队伍分为总人数120人以上及出队结构人数80人以上的重型救援队、总人数60人以上及出队结构人数45人以上的中型救援队、总人数30人以上及出队结构人数20人以上的轻型救援队三级，不同等级队伍的结构组成、管理能力、现场协调能力、搜救能力、先遣队派遣情况、工作场地、持续时间、自我保障时间等方面均有差别。测评专家通过申报材料审阅、资料档案检查、装备场地查看、演练现场核查等方式给出专家同行评议，对队伍的水平给出科学的综合性评价，指出存在不足和努力方向。接受测评的队伍通过测评前的准备和强化训练、测评期间的压力下展示、测评后针对专家评议意见的整改，能够在队伍的规范化、标准化方面得到加强，能力得到进一步提升。

2016年10月，甘肃省地震灾害紧急救援队顺利通过地震灾害重型救援队能力测评，成为国内第一支省级地震灾害重型救援队，具备了参与国际救援行动的资格。2017年3月，福建省地震灾害紧急救援队成功通过我国重型队资质测评。

第三章　响 应 篇

一、地震应急响应

地震应急响应是指针对地震突发事件立即采取行动以挽救生命、保护财产与环境、满足人的基本需要。响应还应包括实施应急预案及支持短期恢复的活动。

《国家地震应急预案》中规定了各有关地方和部门地震应急响应的任务包括：搜救人员、开展医疗救治和卫生防疫、安置受灾群众、抢修基础设施、加强现场监测、防御次生灾害、维护社会治安、开展社会动员、加强涉外事务管理、发布信息、开展灾害调查与评估和应急结束，即在抢险救灾工作基本结束、紧急转移和安置工作基本完成、地震次生灾害的后果基本消除，以及交通、电力、通信和供水等基本抢修抢通、灾区生活秩序基本恢复后，由启动应急响应的原机关决定终止应急响应。

二、地震应急响应级别

根据地震灾害分级情况，将地震灾害应急响应分为Ⅰ级、Ⅱ级、Ⅲ级和Ⅳ级。

应对特别重大地震灾害，启动Ⅰ级响应。由灾区所在省级抗震救灾指挥部领导灾区地震应急工作；国务院抗震救灾指挥机构负责统一领导、指挥和协调全国抗震救灾工作。

应对重大地震灾害，启动Ⅱ级响应。由灾区所在省级抗震救灾指挥部领导灾区地震应急工作；国务院抗震救灾指挥部根据情况，组织协调有关部门和单位开展国家地震应急工作。

应对较大地震灾害，启动Ⅲ级响应。在灾区所在省级抗震救

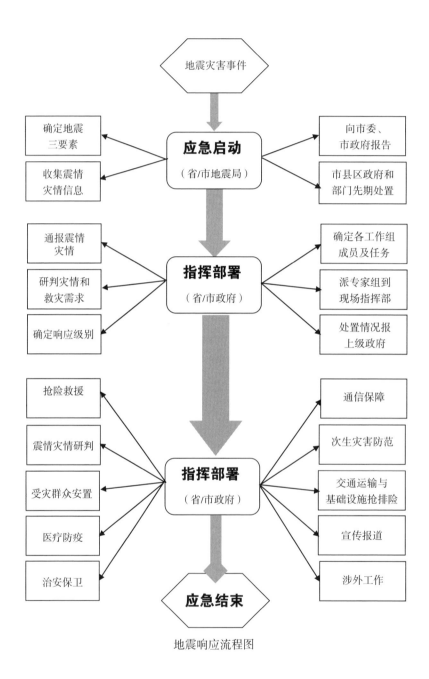

地震响应流程图

指挥部的支持下，由灾区所在市级抗震救灾指挥部领导灾区地震应急工作。国家有关部门和单位根据灾区需求，协助做好抗震救灾工作。

应对一般地震灾害，启动Ⅳ级响应。在灾区所在省、市级抗震救灾指挥部的支持下，由灾区所在县级抗震救灾指挥部领导灾区地震应急工作。国家有关部门和单位根据灾区需求，协助做好抗震救灾工作。

地震发生在边疆地区、少数民族聚居地区和其他特殊地区，可根据需要适当提高响应级别。地震应急响应启动后，可视灾情及其发展情况对响应级别及时进行相应调整，避免响应不足或响应过度。

延伸阅读：地震灾害分级

《国家地震应急预案》将地震灾害分为特别重大、重大、较大、一般四级。

特别重大地震灾害是指造成300人以上死亡（含失踪），或者直接经济损失占地震发生地省（区、市）上年国内生产总值1%以上的地震灾害。当人口较密集地区发生7.0级以上地震，人口密集地区发生6.0级以上地震，初判为特别重大地震灾害。

重大地震灾害是指造成50人以上、300人以下死亡（含失踪），或者造成严重经济损失的地震灾害。当人口较密集地区发生6.0级以上、7.0级以下地震，人口密集地区发生5.0级以上、6.0级以下地震，初判为重大地震灾害。

较大地震灾害是指造成10人以上、50人以下死亡（含失踪），或者造成较重经济损失的地震灾害。当人口较密集地区发生5.0级以上、6.0级以下地震，人口密集地区发生4.0级以上、5.0级以下地震，初判为较大地震灾害。

一般地震灾害是指造成10人以下死亡（含失踪），或者造成一定经济损失的地震灾害。当人口较密集地区发生4.0级以上、5.0级以下地震，初判为一般地震灾害。

案例分享

2010年4月14日7时49分，青海玉树发生7.1级地震。截至4月14日9时10分，玉树县城、结古镇震感强烈，地震造成一定数量房屋倒塌，电话中断，估计将给当地造成较大程度的破坏。根据这些情况，中国地震局决定启动青海玉树地震Ⅱ级应急响应。截至14日12时，地震造成67人死亡，百余人受伤，大量房屋倒塌，估计灾情还要进一步发展。根据《中国地震局地震应急预案》，中国地震局决定将地震应急响应级别升级为Ⅰ级，立即进入Ⅰ级地震响应状态。

2016年1月21日1时13分，在青海海北州门源县发生6.4级地震，震源深度约10千米。震中位于青海与甘肃交界，距青海门源县约35千米，距西宁市约120千米。震中30千米范围内人口稀少、平均海拔约为3500米。根据上述情况，中国地震局启动Ⅱ级应急响应，派出现场工作队赶赴震区开展应急处置工作。

2016年11月25日22时24分，新疆维吾尔自治区阿克陶县发生6.7级地震，震源深度10千米，截至23时00分，尚无人员伤亡的报告。新疆维吾尔自治区克孜勒苏柯尔克孜自治州、喀什地区震感强烈。根据上述情况，中国地震局根据《中国地震局地震应急预案》，启动地震应急Ⅲ级响应，中国地震局机关和中国地震台网中心、中国地震应急搜救中心、新疆维吾尔自治区地震局以及11月份轮值单位立即进入Ⅲ级应急响应状态。新疆维吾尔自治区地震局及相关州（市）、县地震部门迅速派出人员开展灾情调查和现场应急工作，并及时向中国地震局报告。

2017年2月8日晚19时11分，云南鲁甸发生4.9级地震。地震发生后，鲁甸县震感强烈，多条道路因塌方、滚石中断。根据上述情况，昭通市启动Ⅳ级应急响应。鲁甸县委、县政府主要领导带领武警、消防、医疗卫生救援队伍赶赴震中进行指挥救援。云南省地震局派出25人专家组赶赴灾区。

三、地震灾情信息收集与上报

地震灾情信息收集与上报，是指当地震突发事件发生时，政府及各有关部门通过各种途径收集信息并及时、准确、客观地向上级党委、政府及有关部门报送事件信息，为地震突发事件的处置提供信息支持和保障的工作过程。震区所在省（自治区、直辖市）地震灾情的收集和速报主要有五种途径。一是震区地方地震部门和地震台站向地方政府及上级地震部门反映的灾情；二是震区地方政府及所属部门向上级政府或省级地震局上报的灾情；三是震区社会有关单位甚至个人向上级政府反映的信息，在破坏十分严重时，这些信息尤为可贵；四是政府主动了解的，在破坏十分严重时可派飞机前往灾区侦察拍摄以了解灾情；五是省级地震部门主动向灾区收集，或派出的现场工作队伍收集并上报信息。

这五种途径可以分为三类：第一类是各级政府有组织的行为，第二类是各级地震部门有组织的行为，第三类是单位有组织和个人自发的行为。

这样收集和速报来的灾情由省级地震部门速报到中国地震局和省级政府，中国地震局上报到应急管理部；如果发生严重破坏性地震，尤其是造成特大损失的严重破坏性地震，应急管理部和省级政府还要及时上报国务院。

延伸阅读

地震灾情上报的内容包括灾害的基本情况、人员伤亡、建筑物破坏、生命线工程破坏、次生危险及救灾的一些需求等方面（参见地震灾情上报信息表）。灾情信息上报的方式多种多样，可以采取电话、传真、邮件、上报软件系统、手机APP、微信、卫星电话、面对面口头上报等。

地震灾情上报信息表

<table>
<tr><td>上报人</td><td colspan="6"></td><td>联系电话</td><td colspan="4"></td></tr>
<tr><td>灾害地点</td><td colspan="6"></td><td>GPS坐标</td><td colspan="4">N_____E_____</td></tr>
<tr><td>上报时间</td><td colspan="10">____年____月____日____时____分</td></tr>
<tr><td rowspan="3">灾害基本情况</td><td colspan="2">发生时间</td><td colspan="8">□白天　□夜间　□工作日　□假期　其他说明</td></tr>
<tr><td colspan="2">发生地点</td><td colspan="8">□平原　□山区　□城市　　□农村　其他说明</td></tr>
<tr><td colspan="2">危险与发展态势</td><td colspan="8"></td></tr>
<tr><td rowspan="3">人员伤亡情况</td><td colspan="2">原有</td><td colspan="2">人</td><td>死亡</td><td colspan="2">人</td><td>重伤</td><td colspan="2">人</td></tr>
<tr><td colspan="2">轻伤</td><td colspan="2">人</td><td>失踪</td><td colspan="2">人</td><td>埋压</td><td colspan="2">人</td></tr>
<tr><td colspan="2">已确认幸存</td><td colspan="3">人</td><td colspan="5">其他说明</td></tr>
<tr><td rowspan="4">建筑物破坏</td><td colspan="2">原有建筑物</td><td colspan="8">住宅_____栋　学校_____所　医院_____个
办公楼_____栋　其他_____</td></tr>
<tr><td colspan="2">结构类型</td><td colspan="8">□砖混结构　　□钢筋混凝土结构　　□钢结构　□木结构
□土石结构　　□其他</td></tr>
<tr><td colspan="2">破坏比例</td><td colspan="8">部分倒塌_____%　完全倒塌_____%</td></tr>
<tr><td colspan="2">大量人员埋压场所</td><td colspan="8">（如有可能埋压大量人员的场所，请说明场所位置等具体情况）</td></tr>
<tr><td>生命线破坏</td><td>交通</td><td colspan="2">□车辆可通行
□车辆难通行
□步行</td><td>电力</td><td>□通
□断</td><td>通信</td><td>□通
□断</td><td>供水</td><td>□通
□断</td><td>供气</td><td>□通
□断</td><td>水利工程</td><td>□安全
□危险</td></tr>
<tr><td>次生灾害危险</td><td colspan="10">□次生火灾　　□次生水灾　　□滑坡　　□泥石流　　□落石　　□毒气泄漏
□爆炸　　　□堰塞湖　　□崩塌　　□其他</td></tr>
<tr><td rowspan="4">现有资源能力</td><td colspan="2">救援队伍</td><td colspan="8">□专业队伍　□医疗队伍　　□志愿者队伍　　□其他</td></tr>
<tr><td colspan="2">救援装备</td><td colspan="8">□专业装备　□非专业装备</td></tr>
<tr><td colspan="2">救灾物资</td><td colspan="8">□帐篷　□食物　□水　□药品　□其他</td></tr>
<tr><td colspan="2">救灾设施</td><td colspan="8">□医院　□避难所　□其他</td></tr>
<tr><td rowspan="2">困难与需求</td><td colspan="2">困难</td><td colspan="8"></td></tr>
<tr><td colspan="2">需求</td><td colspan="8">□救援队伍　　　□帐篷　　　□食品
□水　　□装备　　□药品　　□其他</td></tr>
<tr><td>其他说明</td><td colspan="10">（如有其他情况，请说明）</td></tr>
</table>

四、地震灾情形势研判

地震灾情形势研判是收集与灾害相关的信息，然后对其判断的过程，是贯穿地震突发事件应对全过程的一项重要工作，对保证预警信息发布、处置措施制定的科学性起决定性作用。研判的内容包括判断地震是否发生及其发展态势，次生、衍生灾害是否发生及其发展的态势，地震灾害发生后可能造成的后果等。

开展灾情形势研判，首先要收集灾情信息，包括灾区的基础环境及人文背景、灾害基本情况、人员伤亡、建筑物破坏、生命线破坏、次生灾害危险等；其次对信息汇总整理分析；最后对灾情做出合理的研判，才能更有效地开展应急处置工作。

案例分享

2013年7月22日岷县漳县地震发生后，预估计可能死亡人数达到百人，重灾区Ⅷ度区的面积七八百平方千米左右。按照强震动记录的分布图，救援主要在极重灾区搜救。因此，当天晚上就有解放军、武警部队、公安干警几千人进入岷县漳县Ⅷ度重灾区。最后投入救援人员达六七千人之多，而投入人力的数量也是根据对灾情的研判，派遣救援人员数量。

延伸阅读

2009年1—4月，意大利拉奎拉市发生了数次有感小地震，有人做出了还将会发生较强地震的预测，并广泛宣传，造成当地的巨大恐慌。于是当地政府组织地震学家进行了会商评估，否认了这一预测意见。地方政府在向公众做新闻发布时，引用所谓的专家意见，认为不会有强烈地震发生，居民可以放心地在家喝红酒，而之后4月6日当地发生了更为强烈的6.1级地震，造成300余人死亡。于是该市的地震科学家和政府官员，被推上法庭追究刑事责任。全球数千名地震科学家，联名致信意大利政府，说明地震预测之难，并希望不追究地震学家的责任。其后意大利政府组织全球9名专家组成评估组开展科学评估，但最终，仍有部分地方官员和科学工作者被追究了责任，其原因并不是因为地震预测是世界难题，而是因为涉事者没有把之后存在的地震风险客观地告知公众。

地震发生之后，如何分析后续的地震趋势是全社会普遍关心的问题。社会需要稳定，民众急需知道如何应对当前的地震，以及需要知道后续的生活如何安排。

以中国大陆的地震类型来看，超过80%的地震属于主-余震型或孤立型，也就是说显著的地震事件发生之后，没有再发生同等规模或更大的地震。因此尽快向公众发布平安的地震趋势意见，在多数情况下，起到了积极的效果。从实际情况看，做出这一判断成功的比例似乎更高，因为有一部分较强烈地震是在主震发生后快速出现的，也还有一部分较大的地震是出现在很晚期的。因此快速的判定在此之后的一段时间内，不会再发生同等规模的地震，在接近90%的情况下是正确的。但问题恰恰出在这10%左右的地震事件，其后发生了同等大小甚至更大的地震，风险也是比较高的。当然，震后趋势判定有专门的法规需要遵循，针对各个不同的地区和当前的地震序列，需要做很多专门研究和会商，会显著地增加震后趋势判定正确的可能性，但判断不正确的概率还是很高的。

因此，震后趋势的判断应该不是做"0"和"1"的非此即彼的选择，而应当把地震的风险告知政府和公众，以更加科学的态度，来采取震后的对策。

五、地震灾害应急组织指挥

地震灾害应急组织指挥是指在地震灾害发生后，为了更有效地开展应急组织与协调工作，使紧急事态和各种不利影响得到及时控制、减缓乃至消除，各级政府和相关职能部门在应急响应与处置期间，通过设立应急总指挥部、现场应急指挥部或应急指挥中心等临时性机构，按照既定的应急管理法制、体制、机制及应急预案的要求，遵从一定的指挥关系，使用一定的指挥手段对突发事件进行响应和处置的一系列活动。

抗震救灾指挥部属于抗震救灾指挥机构，是应急组织指挥的平台，分为国家抗震救灾指挥机构和地方抗震救灾指挥机构。《中华人民共和国防震减灾法》规定的国务院抗震救灾指挥机构（抗震救灾指挥部），是国家一级的地震应急与救援的领导机构，是在涉及保障国家安全、维护社会安定、保护人民生命安全、维护公私财产安全的社会事务和公共管理领域内处理紧急事务的国务院议事协调机构。国务院抗震救灾指挥部负责统一领导、指挥和协调全国抗震救灾工作，地震灾区成立的现场指挥机构，在国务院抗震救灾指挥机构的领导下开展工作。

2018年国务院机构改革之前，中国地震局承担国务院抗震救灾指挥部日常工作。2018年3月，国务院组建应急管理部，将中国地震局的震灾应急救援职责以及国务院抗震救灾指挥部职责整合纳入应急管理部。2018年11月，国务院办公厅发布了调整后的国务院抗震救灾指挥部组成人员，指挥长由国务委员王勇担任，副指挥长由应急管理部党组书记黄明、应急管理部部长王玉普、国务院副秘书长孟扬、中央军委联合参谋部副参谋长马宜明担任。指挥部办公室设在应急部，承担指挥部日常工作。办公室主任由应急管理部副部长、中国地震局局长郑国光担任，副主任由中国地震局副局长阴朝民、应急管理部消防救援局负责人琼色担任。根据抗震救灾工作需要，国务院抗震救灾总指挥部一般设立9个工作组，分别是抢险救灾组、群众生活组、地震监测组、卫生防疫组、宣传组、生产恢复组、基础设施保障和灾后重建组、水利组、社会治安组。地方抗震救灾指挥机构中，县级以上地方人民政府抗震救灾指挥部负责统一领导、指挥和协调本行政区域的抗震救灾工作。地方有关部门和单位、当地解放军、武警部队和民兵组织等，按照职责分工，各负其责，密切配合，共同做好抗震救灾工作。

案例分享

　　地震灾害的应急处置通常涉及各级政府及相关部门、部队、国内社会及国际援助力量的参与，而且需要在有限的时间内完成多种性质不同的应急任务，相关的组织指挥与协调工作较为复杂，仅依靠一两个指挥员或牵头部门难以完成事态控制要求。下面以汶川地震为例进行说明。

　　"5·12"汶川地震后，形成由国务院抗震救灾指挥部和受灾省、市、县、乡级政府应急指挥部构成的应急组织指挥体系。国务院抗震救灾总指挥部自5月12日成立至10月14日国务院成立恢复重建工作协调小组、不再保留国务院抗震救灾总指挥部时止，组织架构随事态发展而演化，表现出先扩展后缩减的特征。国务院抗震救灾指挥部下设救援组、预报监测组、医疗卫生组、生活安置组、基础设施组、生产恢复组、治安组和宣传组8个组。

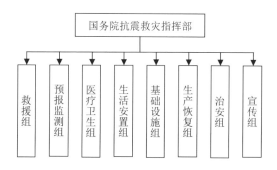

国务院抗震救灾指挥部（宋劲松，2011）

　　在国务院成立抗震救灾指挥部的同时，四川、重庆和甘肃三省市受灾严重地区各级地方政府也都成立了抗震救灾指挥部。四川省抗震救灾指挥部下设医疗保障组、港澳台地区及国际救援协调组、灾区群众住房安置组等11个组，同时在四川省抗震救灾指挥部下面又成立成都片区、德阳片区、绵阳片区、阿坝片区、广元片区和雅安片区前线指挥部。

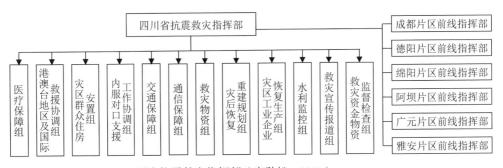

四川省抗震救灾指挥部（宋劲松，2011）

　　地方政府抗震救灾指挥部组织结构随时间推移和抗震救灾过程的发展也在不断变化。以茂县抗震救灾指挥部为例，在茂县抗震救灾指挥部成立之初，下设紧急施救组、医疗救治组、干部管理组等8个组。从图中可以看出，指挥部下设工作组数量随时间向后推移，依次演变成由各工作组构成，变化方式主要是横向平行扩展或缩减。扩展或缩减过程中，承担类似职责的工作组名称也在变化，如从医疗救治组到医疗救助，再到医疗防疫组；从生产自救工作组到灾后生产自救组等；从灾情普查及群众工作组到灾情统计组。工作组名称变化如果是因为职责发生重大变更、重点转移是可以接受的，如果没有其他更为合适的理由而随意变更工作组名称，显然没有任何意义，且易造成沟通协同方面的障碍。

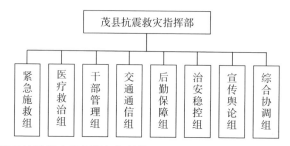

茂县抗震救灾指挥部组织结构（5月12日）（宋劲松，2011）

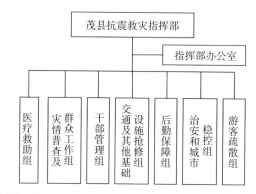

茂县抗震救灾指挥部组织结构（5月15日）（宋劲松，2011）

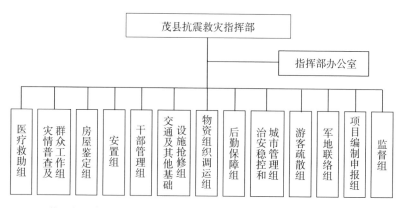

茂县抗震救灾指挥部组织结构（5月23日）（宋劲松，2011）

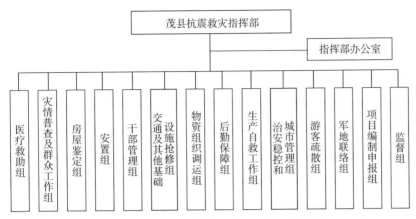

茂县抗震救灾指挥部组织结构（5月31日）（宋劲松，2011）

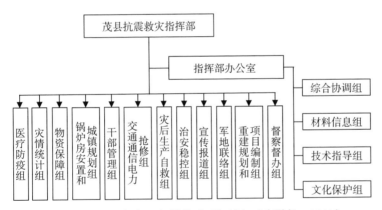

茂县抗震救灾指挥部组织结构（6月3日）（宋劲松，2011）

延伸阅读：地震特别管制措施

《中华人民共和国防震减灾法》第四章地震应急第三十二条规定："严重破坏性地震发生后，为了抢险救灾并维护社会秩序，国务院或者地震灾区的省、自治区、直辖市人民政府，可以在地震灾区实行下列紧急应急措施：交通管制；对食品等基本生活必需品和药品统一发放和分配；临时征用房屋、运输工具和通信设备等；需要采取的其他紧急应急措施。"其中最常见的就是交通管制措施，在各级抗震指挥部中，很多都设立了与交通相关的组，因为在地震发生后，交通是救援、物资运送、群众疏散的关键保障。

在交通管制方面，地震后指挥部根据对灾害大小、灾情范围及灾区交通情况的估计及时开展交通管制工作。芦山地震发生在上午8点02分。从成都到雅安的高速路，中午时实行交通管制。雅安通往芦山有2条道，一条由于巨石挡道，所有的救援车辆包括救护车、消防车、工程抢险车、运送救援队伍的车，公安、大型运输车等都走另外一条道，道路不堪重负，排起了长龙，形成拥堵。甘肃岷县漳县地震，指挥部充分吸收了芦山地震的交通管制经验。省指挥部清醒地认识到地震后要立即施行交通管制，因此在岷县地震发生后，甘肃立即对通往岷县漳县几条公路实行交通管制，在灾害发生的最初时间限制大型机械车进入灾区，对社会车辆实行管制，对大货车实行错时通过，进入山区村路的救援车辆尽量选用小型车辆。这些措施有力地保障了道路通行。

六、地震灾害应急协调联动

应急协调联动是政府应对突发事件的一种手段，即针对不同部门之间相互配合、互通有无、信息分享、功能互补地震灾害应急协调联动、资源整合、共同行动，形成应对的合力，从而化解突发事件带来的危害。协调联动主要包括政府部门之间的协调联动、不同行政区域的协调联动、政府与企业及社会的协调联动、军队与地方政府的协调联动。地震灾害应急协调联动是政府将所有资源纳入到一个统一指挥的调度系统内协调指挥相关部门，向社会公众提供紧急救助服务的联合行动。

地震灾害应急协调联动包括区域间的联动、军地联动、部门联动三大方面。

（一）区域联动

2006年9月，中国地震局印发了《全国地震应急区域协作联动工作方案（试行）》，将全国分成六个区域，在地震系统开展地震应急联动工作。自地震应急区域联动工作开展以来，各联动区建立属地为主、资源共享、优势互补的原则，整合了区域内的队伍、装备、车辆等各种应急资源，加强日常和震后的相互协作与联动，形成了区域的应急合力。例如，2008年10月6日，西藏当雄发生6.6级地震。地震发生后，西南区域各省（市）地震局启动了《西南区域地震应急协作联动预案》，并第一时间与西藏自治区地震局取得联系，根据西藏地震应急工作的需求，地震当天云南省地震局决定派出4人专家组立即赶往西藏当雄，协助西藏自治区地震局开展地震应急和现场工作（文升梁，2010）。

（二）部门联动

为应对自然灾害，加强部门之间应急联动，应急管理部会同自然资源部、水利部、中国气象局、国家林业和草原局等有关部门建立统一的应急管理信息平台，建立监测预警和灾情报告制度，健全自然灾害信息资源获取与共享机制，依法统一发布灾情。

地震应对方面，在地方政府支持下，全国省、市、县各级政府相关部门也相继建立了相应的联席会议制度，各部门根据本单位工作性质制定了地震应急方案，与地震系统及相关部门建立了应急联动机制，综合协调救援队伍建设和紧急救援行动。青海省地震局还与省铁路、民航系统建立协作机制，设立了震后的快速应急绿色通道。

（三）军地联动

军队参加抢险救灾是宪法和法律赋予武装力量的重要任务。《军队参加抢险救灾条例》（以下简称《条例》）规定了军队参加抢险救灾主要担负的五项任务，即解救、转移或者疏散受困人员；保护重要目标安全；抢救、运送重要物资；参加道路（桥梁、隧道）抢修、海上搜救、核生化救援、疫情控制、医疗救护等专业抢险；排除或者控制其他危重险情、灾情。《条例》规定，必要时，军队可以协助地方人民政府开展灾后重建等工作。

目前军地协调工作是政府主导。各级政府都积极与军队保持良好融洽的军地关系。地方政府会同驻军普遍建立了议军会、"双拥"工作联席会、军政座谈会等制度，积极帮助部队解决军事训练、基础设施建设、军人权益维护等方面的困难。军队与各级政府都积极探索建立应对突发事件的军地协调联动工作，并成功应对了汶川、玉树、鲁甸地震等灾害事件。

联合国非常重视军地协调机制，在应对特大灾害的军民协调主要涵盖三方面的内容。一是信息共享方面，包括军民之间信息共享、促进双方的日常沟通、共同确定制约因素、共同建立维护灾害早期预警系统等。二是联合规划方面，包括联合评估灾情，共同准备军队增援请求报告、联合确定会谈议题、联合起草协议、联合培训、共同推进能力建设、制定联合互助策略、建立军地相关部门对接机制等。三是协调行动方面，包括联合经费保障、人员与资源共享、联合行动、联合起草总结报告等。

案例分享

2013年7月22日甘肃岷县漳县地震发生后，中国地震局和民政部等部门分别启动应急响应预案。国务院根据震级级别、灾害预估计，及时派出由有关部门组成的救灾工作组，到现场协助甘肃省委、省政府抗震救灾。整个救灾行动的管理组织，是由省委、省政府负责的，国家部委工作组协助省指挥部工作，现场协调跨省市的工作任务，现场解决急迫的问题。

2013年4月20日芦山地震发生后，物资发送体现了上下级的统一协调配合。所有的物资安置情况由乡镇组织协调，需要什么物资，乡政府向县里提出需求，由县里安排运送。比如，需要多少顶帐篷、瓶装水、食品等，县指挥部按照人数和乡镇提出的需求派送。县指挥部的调用物资并不放在本县，而是有数百辆车的物资停在名山县待命，需要时就开进来送货。省指挥部保证交通通畅，保证物流供给，县里统筹安置，乡里提出需求，物资协调和发放工作井然有序。

七、地震现场应急

地震应急指对经济社会有重大影响的突发性地震事件发生后一定时间内采取的紧急行动。狭义的地震应急指突发性地震事件通常包括破坏性地震（一般、严重和造成特大损失的破坏性地震）和破坏性地震短期或者临震的预报，分别称为破坏性地震应急与临震应急。广义的地震应急还把有感地震、在大中城市和人口稠密地区出现地震谣言并向周围扩散对社会正常生产生活秩序造成严重影响的事件、发现重大短临异常或者提出重大短临预测意见、重大政治社会活动期间等作为应急事件，分别称为有感地震应急、平息地震谣言应急、震情应急、应急戒备。地震应急的时间尺度随地震事件的类别和大小不同而不同。如一般破坏性地震应急时间通常为1～3天，但对于严重破坏性地震可能要延续1个月左右。

从地震应急时间顺序来划分，可分为应急准备、临震应急、震时应急、震后应急。从应急工作隶属组织性质来划分，可分为政府应急、部门（行业）应急和社区应急，另外还有岗位应急、家庭应急和个人应急等。从地震应急相应的地震事件类别来划分，可分为破坏性地震应急、临震应急、有感地震应急、平息地震谣言应急、震情应急、应急戒备。从地震应急属性来划分，可分为指挥应急、技术应急、资源调配应急和现场应急等。

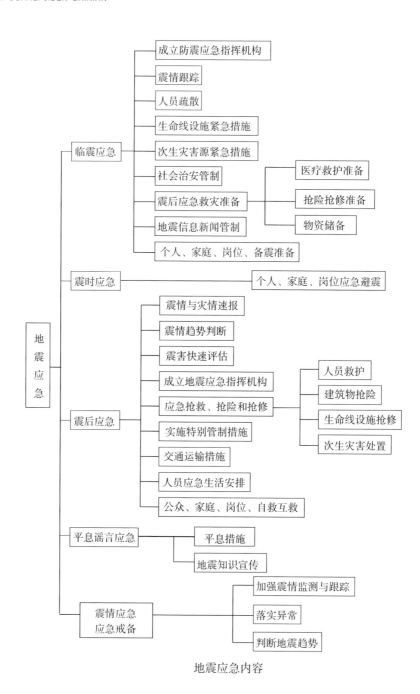

地震应急内容

案例分享　**2013年甘肃岷县漳县6.6级地震应急**

I. 震情灾情

2013年7月22日7时45分，甘肃定西岷县漳县交界处发生6.6级地震，震源深度20千米，最高烈度为Ⅷ度，Ⅵ度区以上面积达1.6万多平方千米，涉及甘肃省5个市州13个县。地震共造成95人死亡，2414人受伤，160万人受灾，直接经济损失230亿元。

II. 地震应急

组织管理协调有序。地震发生后，党中央、国务院领导同志第一时间下达救灾指示，并在科学研判灾情的基础上，派出工作组赶赴现场。甘肃省成立指挥部，负责救灾行动的组织管理。中国地震局和民政部等部门分别启动应急响应。国务院有关部门组成的救灾工作组到达现场协助甘肃省指挥部工作，协调跨省市的工作任务和解决急迫的问题。甘肃省由分管应急工作的副省长在现场任指挥长。省委书记和省长到现场考察灾情，其他省领导都在各自岗位指导救灾工作。5天后，应对工作由抢险救援转入灾后重建，现场指挥长由分管民政工作的副省长接替，负责组织受灾群众安置工作。现场指挥部成员各司其职，井然有序。第一时间赶往灾区的都是救灾行动需要的现场指挥人员、救援人员、道路应急抢通保通人员、应急物流组织实施人员等，灾区道路通行能力得到了最大限度的有效利用，大大提高了救援效率。从国务院到甘肃省委、省政府都强调科学、有效、有序地开展应急抢险救援工作。这就要求各级政府和相关部门，根据不同性质、规模的自然灾害，分级启动应急预案，派遣相应的管理和协调人员开展应急指挥工作，做到有责、有序、有效。

重要信息收集全面、准确、及时。地震发生之后，中国地震局专家很快完成灾害损失预评估，绘制由强震仪判定的地震影响范围分布图，报告上级并迅速提供给解放军和武警部队。根据这些信息，国务院迅速派出工作组赴现场，部队就近用兵，在极震区展开搜寻救援。震后，甘肃省地震局及时向省委、省政府报告并提出预评估意见，对可能的死亡人数做出估计。现场指挥部根据省地震局提供的地震影响范围分布图，最短时间内找到极震区，察看受灾最重的村庄。指挥长初步掌握了灾害的第一手资料，当晚在岷县召开了应急工作会议，研究部署抢险救援工作。解放军和国土资源部、中科院、测绘局等单位的航天影像、空中勘察、卫星遥感、航空拍摄等一手资料，也及时提供给相关省、市政府，为抗震救灾提供信息。信息的准确、及时，为救灾指挥赢得了宝贵时间，也使救灾行动更有针对性，人员物资装备更适应需求，救灾更加有力有效。

交通管制及时有力。地震后，甘肃省立即对通往岷县、漳县的几条公路实行管制。省指挥部当天就高度关注交通问题。地震当晚，省长在省指挥部会议上强调，要禁止大型机械进入灾区，灾区的村路狭窄，小车进去都费劲，要马上调集小型机械到极震区。同时，对社会车辆实行管制，对大货车实行错时通过，进入山区道路的救援车尽量选用小型车辆。这些措施有力地保障了灾区道路畅通。灾区道路的高效抢通保通为现场抢险救援工作顺利开展发挥了重要作用。

抢险救援有条不紊。7月22日当天，数千名解放军、武警部队、公安干警进入岷县、漳县Ⅷ度重灾区。最后投入救援人员达六七千人之多，而投入人力的数量，也是根据事先的估计安排的。地震发生后，据预估，死亡人数可能达到近百人，重灾区的面积约七八百平方千米。按照强震动记录的分布图，救援人员主要在可能的极重灾区陆续找到4名遇难群众。7月23日16时，14位失踪者中最后1人的遗体在岷县中寨镇同心村自家倒塌的房屋下被挖出。至此，震后32小时，所有统计的失踪人员全部找到。失踪者找到后，在地震烈度Ⅷ度区范围内再做详细排查、确认，同时在Ⅶ度区排查。由于死亡人数及时得到确认、失踪人员全部找到，没有新的死亡、失踪人数报告，1000余名伤员及时得到救治，地震后最重要的救人行动基本结束。一般震后搜寻工作要根据灾害规模大小持续72小时到7天。此次地震极震区位置偏僻，流动人口少，容易清点，加之救援队伍到达迅速，使得救援行动仅持续两天就基本结束，救援人员转入清理废墟和协助群众拆危房及搭建帐篷等工作。清点死亡及失踪人数的迅速和准确，为抢险救人、寻找遗体提供了依据，极大提高了救人的科学性，减少了盲目性。此外，岷县针对灾情面广、分散的特点，组织10所流动医院和8个固定医疗救治点，及时开展伤员救治。由于房屋损坏严重，各灾区都以最快速度组织群众避险转移，仅岷县就转移15万多人。

救灾物资发放有序。地震后，市县乡各级6600多名干部很快进入灾区。在一些重灾村道路和通信中断的情况下，干部徒步进村入社，及时了解受灾情况。入村干部向乡、县有关部门或指挥部报告群众的困难和需求，乡里统计各村需求后向县民政局电话申请，县民政局根据申请调配物资，物资调运部门负责运送。物资到达村庄后，关键要确保公平公正公开发放。7月25日，中国地震局工作组在宕昌县哈达铺镇考察相关情况。该镇是地震Ⅶ度区，其中牛家村受灾相对较重。地震后，哈达铺镇成立了领导小组，村里成立发放小组，调查各家受灾情况。对于受灾户张榜公布，请老党员、有威望的老人做监督员，并由住村干部协助。村里从22日12时开始统计，16时前公示，村民自己监督。灾损分为四类：一是房屋倒塌户；二是危房户，又分为严重和一般两级；三是房屋有裂缝的。牛家村倒塌房子的有63户，危房96户，裂缝的36户。对所有救助对象公示两次，第三次则公示所发放的物资，以确保公平公正。此外，地震后，宕昌县成立了党员先锋队、民兵突击队、邻村互助队等，活跃在抗震减灾的第一线。这些自发的救灾队伍，在帮助当地群众临时安置生活方面发挥了大作用。各村两委会在灾损前期调查、分发物资时发挥了核心作用。各级政府对应急救助工作管理比较到位，基本做到了及时、公平、有序发放各种救灾安置物资。

对志愿者的引导和管理及时有序。地震后，一些志愿者来到灾区，帮助抗震救灾，同时带来一些物资发放给受灾群众。省、市指挥部在地震当天就提出要注意对志愿者和慈善机构发放物品进行引导。志愿者直接捐赠给村里和乡里的物品，一般由乡里记录下来，上报县民政局。同时，尽量避免志愿者随意直接给受灾群众发放所带来的物品。对志愿者的引导和管理，既有利于发挥志愿者和慈善团体在救灾中的积极作用，又可避免分发不均、造成受灾群众相互攀比的问题。相比以往志愿者在灾区活动随意性较大的问题，此次现场志愿者的引导和管理工作产生了很好的效果。

抚恤等政策及时到位。地震当天，政府尊重当地习俗，马上决定为遇难人员购买棺木，以便尽快入土安葬。同时，决定给每位遇难者家属发放1万元抚恤金，并当天到位。几天内，遇难人员基本入殓完毕。抚恤金的到位和遇难亲人的入土为安都极大地稳定了家属情绪。此外，还采取了其他一些政策。如在15天的应急期内，对应急安置的群众每人发放230元补贴；在3个月过渡期内，对"三无"（无收入来源、无口粮、无住房）的困难群众提供每人每天10元的生活补助金等。这些政策的迅速公布和补助的陆续到位，很快稳定了受灾群众情绪。面对倒塌的房屋、受损的家园，正是有了部队、救援人员的帮助，有了各项政策措施的及时出台，才使得受灾群众情绪总体稳定，从而能够迅速修整家园、自救互救、配合政府安排好灾后临时过渡期间的生活。

灾害调查细致周密。地震应急救援抢险阶段基本结束后，要立即转入临时安置阶段。灾害损失调查对恢复重建有着很重要的作用。甘肃省在初步评估灾害损失的基础上，部署了灾情核查工作，省长要求要入户详查，并且要由受灾群众认可，以保证调查的准确和周全。省指挥部对灾害核查的高度重视、要求明确、措施具体，保证了灾害损失调查的严肃和准确。各基层组织在发放救灾物资时已经初步搞清了灾损情况。为了详细核实灾情，各级指挥部又开展了全面系统的灾情调查。

八、地震紧急救援

地震紧急救援是指在破坏性地震或重大地震事件发生以后，在政府统一领导下，各级相关工作部门和社会各方面最大限度地减轻人员伤亡、经济损失、社会影响而采取的有领导、有组织、有计划、有指挥、协调一致的紧急行动。

地震应急救援参与部门及响应行动

序号	部门	响应行动
1	部队、武警、民兵预备役	直接参与救援、稳定民心、医疗支持、转移疏散群众
2	专业救援力量（各级专业救援队、消防部队、安监系统）	专业救援、医疗救护
3	境外救援力量	专业救援、灾民安置
4	各级医疗救治机构、军区医院等	医疗救治、伤员转送、卫生防疫、心理救助

续表

序号	部门	响应行动
5	辅助救援机构（通信系统、民航系统等、交通系统等）	为救援行动的高效开展提供信息支持、航拍图件支持、运送救援人员、救援物资、伤员转运支持等
6	当地基层救援力量	组织开展自救互救

注：引自许建华等，《地震应急响应措施及响应流程手册》，2017。

延伸阅读：紧急救援中应遵循救人第一的原则

要以拯救生命、保证生命安全为根本，不能本末倒置。地方政府在应急响应中可能面临多重价值目标的选择，在此过程中，要坚持"先救人，后救物"的原则，并且是一定要先救活人。一切救援活动都必须服从救人这个唯一性目标，应急救援中不是不可以兼顾财产、环境保护，也可以预先准备应急恢复，但不应因此而对人员救治活动造成任何影响，在人员救援仍在进行的情况下，如果提出多个行动目标和任务，不但可能分散力量与资源，特别会引起当事人和公众对救人行动原则的质疑，所以在应急响应阶段不必过早提出清理现场、恢复等其他目标和任务。

延伸阅读：汶川地震救援力量到达灾区时序图

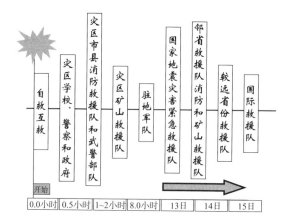

案例分享　"5·12"汶川地震与"3·11"日本地震两国救援力量的调配和投入

汶川特大地震和东日本大地震发生后，两国政府动员了几乎一切可以动员的力量，调动部队、消防等专业救援队以及大量的救援装备与器材投入生命救援。由于国家体制及应急机制的差异，两次地震之后中日两国救援行动的协调与开展方面各有特点。

I. 军队救援力量

汶川特大地震后，军队的应急救援行动随即展开，在全国范围内调集包括陆军、空军、空降兵、海军、第二炮兵等几乎所有军兵种单位参与救灾，通过空运、铁路、公路、水运等多种方式进入灾区，开展灾情收集上报、道路抢修抢通、人员抢救转移、群众生活支援等工作，在救援工作中发挥了巨大的、无可替代的作用。东日本大地震后，日本动员和派出警察、自卫队、海上保安本部等多方海陆空军队力量赶赴灾区，开展灾情收集、人员抢救、失踪者搜索、群众生活支援等救援行动，在救灾工作中发挥了重要作用。

两次地震中，在重灾区四川省和宫城县投入的军队救援力量以及开展的具体救援行动情况见表1。

表1　两国军队救援力量在重灾区开展救援情况对比

时间	"5·12"汶川地震（四川省）	"3·11"日本地震（宫城县）
震后0～2小时	震后军委主席立即作出指示，要求军队迅速出动。震后8分钟，成都军区派出6100余名官兵赶赴灾区，并命令灾区的预备役民兵立即投入救灾行动。成立全军抗震救灾领导小组，并在现场成立抗震救灾联合指挥部	震后4分钟，设置防卫省灾害对策本部。震后15分钟，陆上自卫队通过直升机影像传输灾情信息。震后44分钟，召开第一次防卫省灾害对策本部会议。震后59分钟，海上自卫队利用旋翼及固定翼飞机，收集沿岸地区的灾情信息

续表

时间	"5·12"汶川地震（四川省）	"3·11"日本地震（宫城县）
震后2~24小时	震后7小时，武警官兵150人携带7台大型装载机赶赴灾区。 震后10小时，近2万名解放军和武警官兵到达灾区救援，总参发布关于参加抗震救灾的命令，调动3.4万名官兵赶赴灾区。 震后16小时，22人小分队进入震中区映秀	震后3小时多，发布大规模派遣命令，航空总队司令宫城成立空中灾害部队，开始灾害派遣活动。 震后4小时多，发布核事故派遣命令。 震后8小时，发布关于增员部队命令。 震后24小时，自卫队共派出2万人、190架飞机、45艘舰艇
震后24小时至救援结束	震后2天，增派3万名官兵配备必要的器械和工具赶赴灾区。 震后3天，军队进入全部的受灾乡镇开展救援工作，3万多名民兵预备役人员在重灾区展开救援。 震后4天，部队在重灾区报告灾情、开通道路，投入10万人救灾。 整个救灾期间，军队共投入15万人参与救灾，涉及20余个兵种	震后2天，联合任务部队编成陆、海、空自卫队联合灾害派遣救助活动开始。 震后3天，开设日美调整所，与美国友军联合作战。 震后6天，开始募集适应预备自卫官，设立县政府联络调整所。 4月份开始进行多次集中搜索行动，寻找失踪人员。 截至7月，自卫队宫派遣约1058万人，5万架飞机、4900艘舰艇开展救援

II. 专业救援力量

汶川地震中，专业救援力量主要包括三个方面：一是国家和地方的地震专业救援队；二是公安消防救援队；三是安监系统的矿山危化专业救援队，共投入2万余人。这些专业救援力量有着更高的救援能力和救援效率，承担着其他救援人员无法营救的被困者，虽然救出人数与其他队伍相比不多，但其在汶川特大地震的生命救援中发挥了巨大作用。东日本大地震中，专业救援力量主要包括全国各消防机构的陆上部队和航空部队，以本地消防本部、消防团、消防支援部队、紧急消防援助队、航空部队等形式在灾区开展行动，包括调查受灾情况、进行避难动员、人员生命抢救等，发挥了重要作用。

两次地震中，在重灾区四川省和宫城县投入的专业救援力量以及开展的具体救援行动情况见表2。

表2 两国专业救援力量在重灾区开展救援情况对比

时间	"5·12"汶川地震(四川省)	"3·11"日本地震（宫城县）
震后0~2小时	震后5分钟，成都消防支队800名官兵全部出动。 震后9分钟，四川省地震专业救援队紧急集结准备出动。 震后12分钟，绵阳消防支队派出75人在城区及周边进行搜救。 震后17分钟，德阳消防支队180余人出动赶赴什邡、绵竹等地搜救。 震后72分钟，决定派出国家地震专业救援队。 震后2小时，四川安监局向矿山、危化救援队下达救灾命令	地震发生同时，宫城县内12个本地消防本部展开行动。 震后14分钟，仙台市消防航空部队在仙台市内开始救助活动。 震后44分钟，仙台市消防局向宫城县发出紧急消防援助队的支援请求。 震后50分钟，设立宫城县消防援助活动协调本部。 震后54分钟，宫城县消防厅长指示紧急消防援助队出动。 震后77分钟，总务省消防厅联系札幌市消防局派遣指挥支援部队
震后2~24小时	震后7小时，四川省消防总队派出力量增援北川。 震后8小时，国家救援队184人抵达灾区，赶赴江堰等地救援。 震后8小时，四川省内6支矿山救护队赶赴什邡、绵竹地区。 震后11小时，4支矿山救援队赶赴什邡、绵竹、彭州地区。 震后12小时，公安部消防局调动上海等13支消防总队官兵1182人赶赴灾区。 震后20小时，第三批矿山救援队赶赴北川、安县、什邡、绵竹、青川地区	震后7小时，东京消防厅指挥救援队抵达宫城县，开始指挥救援工作。 震后10小时，宫城县内12个本地消防本部投入2665人参加救援行动。 震后10小时，宫城县内各消防团出动11728人参加救援。 震后15小时，富山县消防队到达名取市灾区开始救援。 震后17小时，札幌市消防局指挥救援队抵达宫城县。 震后24小时，宫城县12个本地消防本部投入5207人，各消防团出动23620人，消防机构共出动363支部队、30406人次的队员，救助4094人

续表

时间	"5·12"汶川地震(四川省)	"3·11"日本地震(宫城县)
震后24小时至救援结束	震后1天半,公安部消防局调派第二批力量赶赴灾区,共20省市5070人。 震后2天,成都军区地震专业救援队50人携带3犬和装备抵达北川。 震后2天,消防部门的7718名专业救援人员全部抵达灾区指定位置。 震后2天半,公安部消防局第三次调派12支队2199人增援四川灾区。	震后2天,神奈川、岛根、三重三县消防队抵达宫城县。 震后5天,熊本县消防队抵达宫城县灾区开展救援。 截至5月底,消防部门陆上部队共派出消防队员294252人,救出幸存者4998人,航空部队共出动队员3352人,运送幸存者1681人次。

Ⅲ. 境外救援力量

汶川地震发生后,日本、俄罗斯、韩国、新加坡4个国家派出救援队赶赴灾区,港澳台地区也派出救援力量前往灾区开展救援。中国大陆境外共有281人在四川灾区开展人员搜救和医疗救助工作。具体救援情况见表3。

表3 汶川地震中境外救援力量开展救援情况

救援力量	开展行动	救援效果
香港地区救援力量	5月14日,香港派出3支搜救及医疗队伍赶赴灾区,其中搜救队15日在绵竹市汉旺镇开展救援;飞行服务队17日抵达灾区,用直升机运送伤员、搜救山区被困民众、运送救援人员和物资,共出动26次,救出96名民众,运送119名救援者	共281人的境外救援力量,携带专业装备在青川、北川、绵竹、什邡、都江堰等重灾区开展搜救和医疗行动,共救出1名幸存者和76具遇难者遗体
澳门地区救援力量	5月23日,由20名志愿者组成的医疗救援队伍抵达四川灾区,在成都市第三人民医院为灾区民众提供医疗服务;6月10日,第二支医疗救援队及医疗物资抵达成都,前往南充市进行医疗救援工作	
台湾地区救援力量	5月16日红十字救援队抵达成都,次日赶往绵竹市汉旺镇展开搜救;5月20日红十字医疗队一行37人抵达成都,赶赴德阳市开展医疗救治工作	

续表

救援力量	开展行动	救援效果
日本救援队	震后第一支抵达灾区的外国专业救援队，60多名日本搜救人员先后在青川县关庄镇、乔庄镇和北川县开展救援行动	
新加坡救援队	5月16日到达成都，17日凌晨前往什邡市红白镇实施搜救	
韩国救援队	41名队员在什邡市蓥华镇宏达化工厂展开救援，共搜救出16具遇难者遗体	
俄罗斯救援队	16日抵达成都后，先到绵竹市汉旺镇救援，17日上午抵达都江堰展开搜救，救出1名幸存者	

东日本大地震后，中国、韩国等多个国家纷纷派遣国际救援队赶赴灾区进行援助，共有12个国家668名专业救援人员，携带搜救犬、专业救援设备在重灾区进行支援。各国际救援队人员派遣及开展任务情况如图1所示。

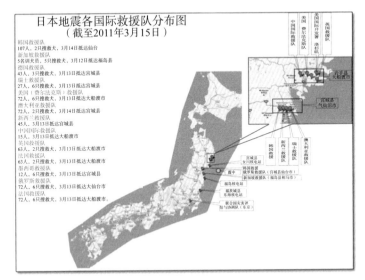

图1 日本地震中各国际救援队分布情况

根据上述分析可看出两次地震中救援力量的调配与投入时间。如图2所示。

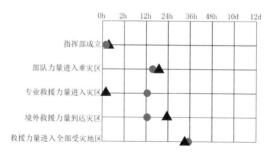

图2　两次地震救援进展情况对比

案例分享　芦山地震紧急救援行动

　　地震发生后，四川省政府立即做出应对，一是立即实行交通管控，开辟成都至芦山的应急通道。全面启动移动、电信、卫星等应急通信，保证通信畅信。二是派出公安消防、矿山救护、民兵预备役、卫生、武警水电等近2000人的救援队伍赶赴灾区。三是要求雅安市、芦山县和有关乡镇党委、政府按时调运帐篷10000顶、棉被20000床、折叠床2000张。四是在雅安建立抗震救灾基地指挥部，统一组织应急救援力量有序快速进入灾区。五是立即组织力量开展第一时间、第一现场救援，同时对地震波及到的相关地区救援工作进行了安排。六是安排省地震局派出专家工作组对余震加强监测，会商震情，给出权威意见。七是安排国土、水利专家赴现场对地震可能产生的次生灾害进行监测，做好应对异常天气的准备；安排交通部门尽快抢通道路。八是安排民政迅速调集帐篷、棉被等救灾物资赶赴灾区。

　　震后救援力量投送非常快捷，解放军、武警部队、公安干警、专业救援队伍，包括救援装备，基本上都是在当天快速集结到雅安灾区。地震当天共有救援队伍166支、34759人进入灾区。由于当时交通极为困难，这些队伍大部分都先到了雅安，在黄金救援72小时内，救援队伍就到了所有的受灾村落，交通、电力、通信等主要生命线工程在5天内基本上恢复了。

	主体	救援行动	备注
中央各部门	中国地震局	震后立即启动I级地震应急响应，联合军队派出国家地震灾害紧急救援队	地震发生后，习近平总书记、李克强总理等中央领导作出重要指示批示。受党中央和习近平总书记委托，李克强总理和汪洋副总理等在地震当天下午就赶到震中灾区，看望慰问受灾群众，指导抗震救灾工作。但是此次地震并没有成立国家级的抗震救灾指挥部，李克强总理20日晚上就在灾区宣布，这次地震救灾救援工作由四川省统一指挥、统一负责，中央部门主要是承担协调、支持和保障作用，保证了这次救灾工作的有序和统一指挥、科学调度
	国家减灾委/民政部	紧急启动国家Ⅲ级救灾应急响应	
	国家减灾委工作组（由民政部、发改委、教育部、财政部、国土资源部、交通运输部、卫计委、地震局组成）	赶赴灾区，查看灾情，指导开展救灾工作	
	中国气象局	启动地震灾害气象服务Ⅲ级应急响应状态	
	公安部	启动应急机制，调度指挥救援，派出工作组赶赴灾区	
	卫生计生委	组建派出国家卫生应急队，180多名医疗人员及车载移动医院赶赴灾区	
	交通运输部	全系统启动公路应急处置机制，通往灾区的高速公路全部实施免费通行	
	民政部	当天向四川雅安地震灾区紧急调运3万顶救灾帐篷、5万床棉被和1万张折叠床，帮助做好受灾群众临时生活安置	
地方政府	四川省政府	启动地震救灾I级响应，成立抗震救灾指挥部，省委书记、省长率救援队赶赴现场	
	雅安市委市政府	组织开展应急救援，成立抗震救灾指挥部	

续表

	主体	救援行动	备注
军队	四川省军区	成立抗震救灾指挥部	截至4月21日20时，灾区共投入兵力18000多人，直升机28架66架次，车辆机械796台
	成都军区	派出部队赶赴灾区救援	
	武警四川总队	出动1200人赶赴灾区救援	

案例分享 **跨国救援行动——2015年尼泊尔8.1级地震救援**

北京时间2015年4月25日14时11分，尼泊尔（北纬28.2度，东经84.7度）发生8.1级地震，震源深度20千米，震中位于博卡拉。此次地震震级大、震源浅，造成加德满都和博卡拉等地区大量建筑物倒塌和人员伤亡。截至2015年6月11日，地震至少造成8786人死亡，22303人受伤，约280万人失去住所，灾区涉及尼泊尔境内39个区，受灾人口约810万。

尼泊尔强烈地震发生后，中国政府和人民高度关切。习近平主席和李克强总理第一时间向尼泊尔领导人发去慰问电。中国地震局在震后第一时间研究部署紧急救援等应对措施，命令中国国际救援队待命，做好出队准备。

应尼泊尔政府请求，4月25日晚中国政府决定派遣中国国际救援队赴尼泊尔实施国际人道主义救援。此次派出的中国国际救援队由62名搜救队员、医护队员、地震专家、技术保障人员组成，携带6条搜救犬和物资装备约17吨，多数队员参加过汶川、玉树、芦山、日本、海地、巴基斯坦等多次国内外地震救援，具有丰富的现场救援经验。

此次救援行动是中国国际救援队第10次12批次赴境外实施国际人道主义救援，也是救援队2014年8月通过联合国国际重型救援队分级测评复测后的首次境外地震灾害紧急救援。

震后不到22小时，中国国际救援队抵达尼泊尔首都加德满都，成为第一支到达的经联合国测评的重型救援队伍。在我驻尼泊尔使馆和尼军方的大力支持下，中国国际救援队在灾区实施搜救行动12天，成功救出两名幸存者，为灾民巡诊7481人次，并圆满完成了联合国人道主义事务办公室现场行动协调中心安排的分区协调任务，得到了尼泊尔政府和国际社会的广泛赞誉。

九、地震灾害损失评估

地震灾害损失评估由国家或省级防震减灾主管部门负责，国家或省级防震减灾主管部门指派的地震现场评估工作组进行，评估组成员应由有评估工作经验或经过专业培训的技术人员组成，并依靠地方各级人民政府，会同有关部门共同进行。地震灾害损失评估包括人员伤亡、地震造成的经济损失以及建筑物破坏状况评估。

人员伤亡情况包括死亡人数、受伤人数和无家可归人数。经济损失是指地震及其场地灾害、次生灾害造成的建筑物和其他工程结构、设施、设备、财物等破坏而引起的经济损失。

评估组进入地震现场后，应立即了解灾情，确定地震灾害损失最严重的地区（即极灾区）和确定评估灾区范围。评估灾区（以下简称灾区）是指产生直接经济损失的破坏地区（不包括对社会经济无影响的地质灾害地区）。

现场调查是震灾评估的基础，采用抽样调查或逐个调查方法进行。对重大工程设施、生命线工程结构、工业构筑物、水坝、岩土和地下结构、破坏量极少的建筑结构，会同地方有关部门及专家逐个调查。

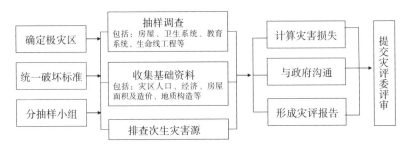

地震现场灾害损失评估工作流程图

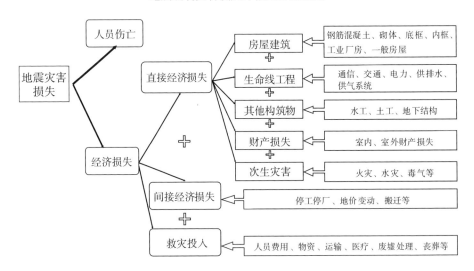

地震灾害损失种类

案例分享 **2016年新疆阿克陶6.7级地震灾害损失评估**

2016年11月25日，新疆维吾尔自治区克孜勒苏柯尔克孜自治州阿克陶县发生6.7级地震，震源深度10千米。地震震中距阿克陶县城约165千米，震中附近的乌恰县及喀什地区疏附县、疏勒县、英吉沙县等多地震感强烈，地震造成木吉乡卡拉奇村死亡1人。地震发生后，中国地震局立即启动地震应急Ⅲ级响应，中国地震局、新疆地震局及地震系统联动、轮值等共12家单位组成现场联合工作队在震区历时6天，累计行程10000余千米，共完成95个震害调查点，顺利完成地震灾害调查和损失评估工作。

I. 地震灾区范围

本次地震灾区主要涉及克孜勒苏柯尔克孜自治州阿克陶县和乌恰县的木吉、布伦口、奥依塔克、吉根、乌鲁克恰提、吾合沙鲁、膘尔托阔依、波斯坦铁列克等两县8个乡（镇）。灾区面积2.44万平方千米，国内面积达1.72万平方千米，灾区人口40783人，10722户，房屋毁坏和较大程度破坏造成失去住所人数共计11240人，2810户。

II. 地震烈度分布

震区主体位于阿克陶县和乌恰县，通过对灾区2个县95个调查点实地调查，地震烈度等震线大致呈椭圆形，长轴方向为北西西。其中Ⅷ度极震区位于国内，极震区长轴为50千米，短轴为25千米，面积约1046平方千米，主要涉及阿克陶县木吉乡布拉克村；Ⅶ度区长轴116千米，短轴67千米，面积5045平方千米，国内面积达4662平方千米，主要涉及阿克陶县木吉乡、布伦口乡以及乌恰县膘尔托阔依乡、波斯坦铁列克乡；Ⅵ度区长轴207千米，短轴151千米，面积18318平方千米，国内面积达11515平方千米，主要涉及阿克陶县木吉乡、布伦口乡、奥依塔克镇以及乌恰县吉根乡、乌鲁克恰提乡、吾合沙鲁乡、膘尔托阔依乡、波斯坦铁列克乡。

III. 地震破坏情况

i.房屋破坏。

本次地震涉及房屋结构类型包括土木结构、土石木结构、砖木结构及砖混结构。倒塌房屋主要为土木结构和土石木简易结构房屋，Ⅷ度区此类简易结构房屋约80%以上倒塌毁坏，Ⅶ度区此类简易结构房屋约35%倒塌。砖木结构、砖混结构居民住房多为安居富民房，均未出现破坏。乡（镇）政府、村委会、医院及学校公用房屋多为砖混结构，此类房屋在本次地震中抗震性能良好，房屋主体完好，未见砖砌墙体出现裂缝，但存在抹灰墙皮大量脱落，局部区域所建房屋受场地条件影响震前已存在裂缝，本次地震又造成这些老旧裂缝加宽加大。

a. 居住房屋。

地震造成居民住房损坏451140平方米（4240户、16962间），其中毁坏158207平方米（1380户、5521间），破坏292933平方米（2860户、11441间）。经核算，以上破坏房屋中不具备修复价值的有304674平方米（2810户、11242间）（表1）。

表1 各行政区居住房屋破坏面积统计

县	乡	单位	毁坏	破坏	破坏合计	不具备修复价值
阿克陶县	木吉乡	平方米	92740	49771	142511	117626
		间	2854	1531	4385	3619
		户	713	383	1096	905
	布伦口乡	平方米	17290	64220	81510	49400
		间	532	1976	2508	1520
		户	133	494	627	380
	奥依塔克镇	平方米	14196	52728	66924	40560
		间	437	1622	2059	1245
		户	109	406	515	311
乌恰县	波斯坦铁列克乡	平方米	13300	49400	62700	38000
		间	665	2470	3135	1900
		户	166	618	784	475
	膘尔托阔依乡	平方米	9610	35693	45303	27457
		间	481	1785	2265	1373
		户	120	446	566	343
	乌合沙鲁乡	平方米	1652	6136	7788	4720
		间	83	307	389	236
		户	21	77	97	59

续表

县	乡	单位	毁坏	破坏	破坏合计	不具备修复价值
乌恰县	乌鲁克恰提乡	平方米	6065	22526	28591	17328
		间	303	1126	1430	866
		户	76	282	357	217
	吉根乡	平方米	3354	12459	15813	9584
		间	168	623	791	479
		户	42	156	198	120
合计		平方米	158207	292933	451140	304674
		间	5521	11441	16962	11242
		户	1380	2860	4240	2810

b. 教育系统。

地震造成阿克陶县木吉中心小学、中心幼儿园特别色教学点出现轻微破坏；造成乌恰县吉根乡小学、乌鲁克恰提乡小学、膘尔托阔依乡双语中心幼儿园校舍出现轻微破坏。

c. 卫生系统。

地震造成阿克陶县木吉乡、布伦口乡和奥依塔克镇卫生院及各村卫生室出现轻微破坏，总面积2950平方米；造成乌恰县乌鲁克恰提乡及膘尔托阔依乡卫生院出现轻微程度破坏，总计破坏面积3102平方米。

d. 其他公用房屋。

地震造成阿克陶县木吉乡布拉克村、琼让村村委会、木吉村委会及木吉牧场村委会办公楼出现轻微破坏；造成乌恰县吉根乡政府办公楼及市政部分公用房屋出现轻微破坏。

ii. 基础设施破坏。

a. 畜牧业。

地震造成阿克陶县507头（只）牲畜死亡，牲畜棚圈毁坏753座（面积38974平方米），牧道损坏21.4千米；造成乌恰县2621户牧民围墙及棚圈不同程度受损，牧道损坏20.4千米。

b. 交通系统。

地震造成阿克陶县及乌恰县的交通设施出现一定程度的破坏，其中造成阿克陶县12座桥梁、580千米公路及木吉乡边防公路15.4千米受损；造成乌恰县203千米公路及乌鲁克恰提边防公路8.7千米受损。

c. 水利系统。

地震造成阿克陶县内干渠、引水渡槽（渠）、边板、饮水管道、水厂沉淀池出现不同程度损坏，共计114.4千米灌溉渠道及40余座闸门损毁，出现变形及漏水；造成乌恰县渠首墩子、底板、闸门、渡槽、渠道边板、隧洞、暗渠等部位产生变形及裂缝。

d. 电力系统。

地震造成乌恰县电力设施（10kV）受损79千米。

e. 通信系统。

地震造成阿克陶县电杆、线缆等通信设施损坏；造成乌恰县通信机房、电杆、线缆等通信设施受损。

Ⅳ. 直接经济损失

经评估，地震造成直接经济损失为46334.6万元（4.63亿元），其中阿克陶县直接经济损失32928.1万元（3.29亿元），占71.07%，乌恰县13406.5万元（1.34亿元），占28.93%。地震灾害直接经济损失汇总见表2。

表2　地震灾害直接经济损失汇总（万元）

损失评估项目		阿克陶县	乌恰县	合计	比例/%
房屋	居民住房	16483.0	7681.0	24164.0	52.15
公共服务设施	教育系统	102.7	163.8	266.5	0.58
	卫生系统	623.0	310.0	933.0	2.01
	公用用房	326.0	122.1	448.1	0.97
	小计	1051.7	595.9	1647.6	3.56
基础设施	交通系统	5602.0	1073.0	6675.0	14.41
	水利系统	5758.7	2878.0	8636.7	18.64
	电力系统		52.0	52.0	0.11
	通信系统	1330.0	136.3	1466.3	3.16
	小计	12690.7	4139.3	16830.0	36.32
产业	畜牧业	2702.7	990.3	3693.0	7.97
合计		32928.1	13406.5	46334.6	100.000
比例/%		71.07	28.93	100	

十、地震烈度评定

地震烈度评定是指根据受地震影响地区的宏观（人的感觉、器物反应、房屋震害程度、自然环境变化等）和微观地震（地震动的加速度、速度等）资料，确定该地区的地震烈度。

地震烈度评定工作是通过搜集灾区人文、经济、地理、地震、灾情等资料，抽样调查灾区人的感觉、器物反应以及建（构）筑物和基础设施破坏、地震地质灾害等震害情况，按照规范评定地震烈度，绘制地震烈度分布图，并向社会发布，为地震灾害救援、资源调配、损失评估、隐患排查、过渡性安置、恢复重建以及科学研究等工作提供依据。

地震烈度评定已有百年历史，曾对描述地震震害和地震作用、实施抗震设防与抗震救灾发挥了重要作用。地震烈度评定具有模糊性、综合性、平均性和主观性等特点。目前烈度表中给出的对应不同烈度的地震动参数，并不具有严格的统计意义，只是评定烈度的参考。全面细致的烈度评定不仅需要大量时间和人力，而且面临经验不足的巨大困难，烈度评定指标的模糊性与综合性等往往造成评定结果的差异。

日本在地震发生后迅速对各城市做出的烈度（日本称震度）速报，是烈度计自动得出的"仪器烈度"，并不是宏观烈度评定的结果。日本的烈度计是基于强震仪开发的现代仪器，可以根据实测的强地震动时间过程及其参数，由预定的软件自动计算烈度值。

延伸阅读：我国地震烈度表

序号	地震烈度	地震破坏
1	Ⅰ度	无感：仅仪器能记录到
2	Ⅱ度	微有感：个别敏感的人在完全静止中有感
3	Ⅲ度	少有感：室内少数人在静止中有感，悬挂物轻微摆动
4	Ⅳ度	多有感：室内大多数人，室外少数人有感，悬挂物摆动，不稳器皿作响
5	Ⅴ度	惊醒：室外大多数人有感，家畜不宁，门窗作响，墙壁表面出现裂纹
6	Ⅵ度	惊慌：人站立不稳，家畜外逃，器皿翻落，简陋棚舍损坏，陡坎滑坡
7	Ⅶ度	房屋损坏：房屋轻微损坏，牌坊、烟囱损坏，地表出现裂缝及喷砂冒水
8	Ⅷ度	建筑物破坏：房屋多有损坏，少数路基破坏塌方，地下管道破裂
9	Ⅸ度	建筑物普遍破坏：房屋大多数破坏，少数倾倒，牌坊、烟囱等崩塌，铁轨弯曲

续表

序号	地震烈度	地震破坏
10	X度	建筑物普遍摧毁：房屋倾倒，道路毁坏，山石大量崩塌，水面大浪扑岸
11	XI度	毁灭：房屋大量倒塌，路基堤岸大段崩毁，地表产生很大变化
12	XII度	山川易景：一切建筑物普遍毁坏，地形剧烈变化，动植物遭毁灭

案例分享

2016年1月21日，青海门源发生6.4级地震。震源深度10千米。门源县城距离震中33千米，影响约Ⅵ度，全县有震感，皇城、北山、青石嘴震感强烈。1月24日，青海省地震局发布了此次地震的烈度分布图。

此次地震灾区极震区烈度为Ⅷ度，等震线长轴总体呈北西西走向，Ⅵ度区及以上总面积约14660平方千米，其中，青海省内面积约8550平方千米，甘肃省内面积约6110平方千米。地震造成青海省门源回族自治县、祁连县、大通回族土族自治县、互助土族自治县和甘肃省永昌县、武威市凉州区、天祝藏族自治县、肃南裕固族自治县8个县（区）以及甘肃中牧山丹马场受灾。此外，位于Ⅵ度区之外的部分乡镇也受到波及，造成部分老旧房屋破坏。

Ⅷ度区主要涉及青海省门源县泉口镇，面积约240平方千米。

Ⅶ度区主要涉及青海省门源县皇城蒙古族乡、青石嘴镇、泉口镇、苏吉滩乡、北山乡、西滩乡、仙米乡、东川镇、浩门镇、种马场和甘肃省肃南县皇城镇，共11个乡镇（种马场），以及甘肃中牧山丹马场，总面积约2510平方千米。其中，青海省内面积约1980平方千米，甘肃省内面积约530平方千米。

Ⅵ度区主要涉及青海省门源县13个乡镇（种马场）、祁连县3个乡镇、大通县2个乡镇、互助县1个乡镇和甘肃省肃南县1个乡镇、永昌县7个乡镇、武威市凉州区2个乡镇、天祝县4个乡镇，共33个乡镇（种马场），以及甘肃中牧山丹马场，总面积约11910平方千米。其中，青海省内面积约6330平方千米，甘肃省内面积约5580平方千米。

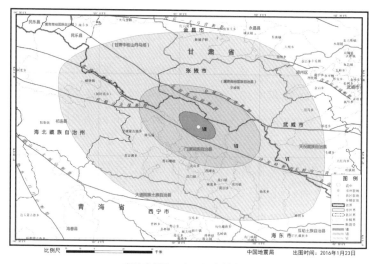

青海门源6.4级地震烈度图

十一、地震应急社会动员

地震应急社会动员是一项人民群众广泛参与，依靠自己的力量，以实现地震灾害损失最低为目标的群众性运动，是寻求社会改革与发展的过程。它以人民群众的需求为基础，以社会参与为原则，以自我完善为手段。地震应急社会动员与组织工作包括志愿服务、社会捐赠、对口支援等，其目标是针对地震突发公共事件的突发性及灾害和社会影响的不确定性，依法行政加强对地震应急的社会性领导、管理、规划、协调、指导、督导，有效动员及组织社会各界力量，共同遏制地震影响、减轻灾害损失、防止次生灾害、防止环境污染。

地震应急救援志愿服务是地震应急社会动员的重要内容，是在特定时段，对特定内容的一种特殊志愿服务，与常规不同，该志愿服务具有突击性强、技术难度高、服务环境险、团队作业等特点，这就更要求系统运作的科学合理、协调有力。目前，相关法律法规已提出建立、健全地震应急救援志愿者队伍。例如，《中华人民共和国突发事件应对法》第二十六条规定："县级以上人民政府及其有关部门可以建立由成年志愿者组成的应急救援队伍。"《国务院关于全面加强应急管理工作的意见》（国发〔2006〕24号）提出要求："研究制订动员和鼓励志愿者参与应急救援工作的办法，加强对志愿者队伍的招募、组织和培训。"《中华人民共和国防震减灾法》第五十六条规定："县级以上地方人民政府及其有关部门可以建立地震灾害救援志愿者队伍，并组织开展地震应急救援知识培训和演练，使志愿者掌握必要的地震应急救援技能，增强地震灾害应急救援能力。"

灾害危机的社会影响越大，社会力量的参与必要性与可能性越高，于是，对政府应急管理协调社会动员的要求也越高。应急管理社会力量的动员模式及参与效率已成为我国灾害管理制度建设的重要内容。

案例分享 ——震后社会志愿服务的发展

地震	震后社会志愿服务
2008年5月12日汶川地震	大批志愿者第一时间赶赴灾区开展灾后救援与服务，是政府救灾的有力补充，发挥了重要的作用，但政府部门缺乏对志愿者进行有效的组织管理，志愿者的救援行动缺乏组织性和统一性，存在专业技能不足、救援效率不高、志愿者分布不均、流动过频等问题，在一定程度上加剧了灾区的混乱

续表

地震	震后社会志愿服务
2013年4月20日芦山地震	有些专业的志愿救援组织在进入灾区之初就能自觉做到分工合作、相互协调。当地政府迅速对进入灾区的志愿者进行登记，又积极劝阻、劝返非专业志愿者进入灾区，等等，政府对民间救援力量的协调和管理水平也有了明显提高。与汶川地震救灾相比，这次地震救援行动中社会力量的参与情况更有序。但还是出现了在地震发生头两天，灾区集结了百万名志愿者，开进了30万辆车，堵住了生命通道，部分志愿者各行其是，不仅"添堵"还"添乱"，社会人员参与志愿者组织的准入退出机制仍需完善
2013年7月22日岷县漳县地震	政府加强了对志愿者的引导和管理，发挥志愿者与慈善团体在救灾中的积极作用。省、市指挥部在地震当天就提出要注意对志愿者和慈善机构发放物品进行引导。志愿者直接捐赠给村里和乡里的物品，一般由乡里记录下来，上报县民政局。同时，尽量避免志愿者随意直接给受灾群众发放所带来的物品。相比以往志愿者在灾区活动随意性较大的问题，现场志愿者的引导和管理工作产生了很好的效果
2014年8月3日鲁甸地震	越来越多的志愿者组织依据自己的业务特点，形成不同的救灾角色，从而构成了多层次、多领域的民间救灾图景，志愿者贯彻了精准救灾、协同救灾的理念，民间社会组织的救援力量逐步向理性成熟迈进
2017年8月8日九寨沟地震	震后第二天，民政部发布《关于社会力量有序参与四川九寨沟7.0级地震抗震救灾的公告》，对社会组织开展募捐、数据统计、信息公开等作出了要求。同时，指挥部鉴于高原山区作业空间有限等实际情况，呼吁社会救援组织和志愿者不再自行前往九寨沟县；同时，安排已进入九寨沟县的社会救援力量严格按照指挥部统一安排部署，有序转移撤离。经过近10年的发展，志愿者充分发挥各自的优势，取长补短，同时政府也加强了对志愿者的引导与管理，我国的志愿者救灾体系逐步走向成熟

延伸阅读：日本的应急志愿者管理

I. 制度

i. 健全的法律法规。

1995年日本阪神大地震中志愿者的活动，极大地推动了日本的应急志愿服务的法制化进程，改善了危机状态下志愿者参与的制度环境。此次危机中，志愿者的活动也曾一度出现类似于"汶川"地震中的混乱无序状态，为了防止再度出现此类混乱无序的应急志愿现象，日本着力制定相关的法律法规，为公共危机志愿者有序组织和协同行动指明了方向，促进了日本应急志愿领域的快速成长。日本修改后的《防灾基本规划》中，增加了关于"改善救灾志愿者的活动环境"和"志愿者接待"等促进志愿者参与的内容。在改善志愿者活动方面：为拓展志愿者在危机救援中的活动空间，充分发挥志愿者的作用，要求地方公共团体志愿组织展开相互合作，鼓励公共团体和志愿组织共同开展研讨，协商解决危机发生时的合作问题，包括"日常的志愿者登记制度、研修制度、灾害发生时志愿者活动的协调机制"。在接待志愿者方面：要求政府和志愿团体根据灾区的实际需要使用志愿者，并在政策上为参与应急救援的志愿者提供方便，资源上为他们提供帮助。在接受志愿者的时候，要考虑如何更好地发挥具备各种特殊能力和专业技能的志愿者的作用，必要的时候为这些志愿者提供资源。

　　1995年12月，日本有关部门修改了《灾害对策基本法》，志愿者的救灾活动被写入其中："推动自发性防灾组织的发展，推进志愿者防灾活动的体制建设以及其他公民自发性防灾活动"；"志愿紧急配备制度"明确规定，灾难发生后，灾区该如何接纳各种志愿组织，以及其相应的工作职责。这对防止和消除灾后志愿者在灾区的盲动提供了制度性的安排。为了鼓励志愿者参与灾害救援工作，1997年2月的日本内阁会议决定，对在日本国内因救灾而受伤、患病或死亡的志愿者，由内阁总理大臣根据相关标准，进行奖励或补偿；次年12月《特定非营利活动促进法》的出台，明确认可了志愿者和志愿组织的参与权，并将志愿者与普通劳动者以及应急志愿服务完全与其他形式的劳务区分开来。应急志愿者和志愿组织获得了明确的参与应急救援的合法地位，简化了他们取得法人资格的程序。

这些制度上的明确规定，使政府、企业和志愿力量都能对于危机事件做出制度性反应，都明白参与危机管理的时机和流程，为危机事态中志愿者的行动提供了明确的制度依据，明确了政府对应急志愿者的资助与扶持态度，志愿者作为救灾活动的合法主体在救援中的地位得到了社会各界的广泛认同，极大地推动了此后危机治理中志愿者作用的充分发挥。

ii. 救灾志愿者/组织的登记制度。

日本地方政府积极推进救灾志愿者登记制度，平时就接受志愿者登记，使登记的志愿者和志愿组织能随时与本地域的志愿者及志愿组织进行信息交流，建立良好的联系。从长远看，救灾志愿者登记制度的实施可以看成是在为公共危机治理建立志愿者数据库，且数据库中的志愿者都是经过筛选的，通常具备一定专业技能，当其他地区爆发危机或灾害时，可以从登记的数据库里以最短的时间召集最符合灾区需要的志愿者，为受灾地提供援助。

iii. 救灾志愿者中心。

阪神地震以后，日本在已有的志愿者登记制度的基础上，形成了长期化和常态化的"救灾志愿者中心"制度。

在日常状态下，多数地方的救灾志愿者中心并不是一个实体性的单一机构，而是由行政部门、地方公共团体、志愿组织等组成的一个志愿者联合组织。志愿者中心作为应急志愿者的活动据点，主要的职责包括："救灾志愿者网络的运营；救灾志愿者活动协调者的培养；防灾训练和培养救灾志愿者；救灾志愿者及团体的信息管理；与相邻地区的相关团体建立和保持密切的合作关系，以及进行信息交换；对其他受灾地区进行支援"。

在危机状态下，救灾志愿者中心是一个在政府支持下成立的地方性的救灾志愿者网络，将各地的志愿者、志愿者团体和行政力量联合起来了。它作为志愿者活动协调机构，成为救灾志愿者与志愿组织共同开展救援活动的据点和中心。具体来说，在发生灾害时，"救灾志愿者中心"的任务包括："募集志愿者、接受志愿者，以及为志愿者提供必要的信息；接受受灾地关于志愿者的请求，以及派遣志愿者；联络、协调有关的公共团体和行政部门；向其他地方志愿者团体请求支援；协调志愿者团体之间的活动；确保志愿者的健康安全；其他，比如接待媒体"。志愿者中心的成立昭示着日本应急志愿服务体系和应急志愿者管理体系由原先的松散化步入了组织化、规范化的轨道，此后，应急志愿者的招募、挑选、协调、配置等各项工作都得以有序开展。事实上，救灾志愿者中心不只是参与救灾的一个专门机构，更重要的是，它作为协调诸多救灾力量尤其是志愿者力量的总枢纽，日益成为日本应急志愿服务体系中最关键的部门，它的成立大大提高了日本应急志愿服务的水平和应急管理的效率。

iv. 救灾志愿者协调员。

多年来，在发生灾害时，会成立协调行政、志愿者组织、志愿者、灾民等有关团体、个人的救灾志愿者中心，以促进救援活动的顺利开展，然而，它仍然有其局限性，政府和志愿者及其组织之间缺乏协调、在服务的提供与灾区需求方面还存在不对称的问题。因而，近几年，作为"救灾志愿者中心"的核心工作人员的"救灾志愿者协调员"的作用就受到了越来越多的重视。在发生灾害时，一些公共团体，比如红十字会会派遣工作人员作为救灾志愿者协调员协助志愿者中心的工作。具体来说，志愿者协调员主要负责："联络行政、灾民、灾区内外的志愿者团体、企业、公共团体；负责运营'救灾志愿者中心'的活动；发掘救援需求，建立救援活动的计划；联系救援者和受灾者；推动灾区志愿者活动和自救，以促进灾区的尽快恢复"。

II. 政府支持下的志愿者网络

日本政府支持和鼓励志愿者投身公共危机的治理。阪神地震以来，大量中间组织在政府的支持下创立起来。为支持志愿者个人的中间组织有志愿者活动推进机构、社会福利协会的"志愿者中心"、民间的志愿者协会等；为志愿组织提供援助的中间组织有"市民活动（支援）中心"、"NPO（支援）中心"。与此同时，地方政府与他们进行了良好的"协动"，也就是政府和这些组织联合起来，通过"资金补助、共同主办、项目委托、派遣人员、使用公共财产、信息交流、互动协调"等方式，共同解决问题，形成了政府支持下的志愿者网络。

i. 西宫模式

大阪地震期间，在西宫市活动的志愿者组织为了联系志愿者团体、志愿者个人，和政府进行信息交换，组成了一个叫作"西宫志愿者网络"的民间组织，这个组织接替市政府来负责志愿者的接待和派遣工作，而市政府也发出通知，要求所有政府部门全面支持西宫志愿者网络。这一行政和应急志愿组织之间的合作形式被称为"西宫模式"，被很多地方政府所借鉴。

阪神地震以后，无论是政府还是志愿者组织都认识到，如果想要使志愿者活动在救灾中发挥更好的效果，救灾志愿者之间、救灾志愿者和行政部门之间的协调不可缺少，这就要求各个部门之间的信息能够共享。同时，人们开始认识到，要是救灾志愿者活动能够有效地开展，更加需要重视地域性组织在救灾活动中的作用，需要构建地方性的防灾志愿者网络，由这些地方性的网络进一步构成广域的志愿者网络。

ii.志愿者中心本部

在灾区的志愿者活动协调组织中，有一个特色的机构——"志愿者中心本部"。基本上，每一个行政区至少都有一个"志愿者中心本部"。志愿者及其组织可以通过它及时掌握全面的应急信息，政府也可以透过这样一个特色机构实现和社会参与主体的互动，进而推动危机应急工作顺利进行。

"志愿者中心本部"活动大致有："志愿者的登录和派遣；灾民和政府的直接救援活动，如救灾物资的搬运等；志愿者之间的协调；政府及其他志愿团体之间的协调"。绝大多数"志愿者中心本部"都有关于参与应急救援工作手册，内容主要涉及参与救援行动的基本注意事项，具体来说，主要是关于救灾活动中志愿者自身的健康管理和安全管理，以及集体活动的守则等。作为志愿者活动的协调组织，它们在救灾活动中发挥了巨大的作用，对于促进志愿组织和政府机构的信息交流、志愿者活动的信息交流、志愿者活动的协调、志愿者与居民的协调起到了非常重要的作用。

III. 应急志愿信息网络

自阪神地震之后，日本格外重视危机信息网络的建设，尤其是把灾害管理的信息通信系统建设视为一项战略任务来部署和实施，其发达的应急志愿信息网络业已成为实现应急志愿信息共享与联动的有效平台。

i.注重信息科技手段的运用。

日本在危机信息共享与联动机制的建设上，建有五大信息系统，相辅相成，共同构成日本应急信息网络。"一是基本的通信系统，有54个机关之间设立有电信联络系统；

二是卫星系统，有28个灾害管理机关都能够通过卫星进行联络和交换信息；三是覆盖国家、都道府县、市町村三级政府机构的广播联络网，这是准备一旦有线的通信网络被破坏，即可及时运用无线系统进行联络，包括国家层面的中央防灾无线网和消防无线通信网、都道府县层面的防灾行政无线网以及市町村防灾层面的行政无线网；四是直升机在空中直接对救灾现场进行观测并将信息送到救灾指挥中心；五是设立有立川广域救灾通信网联络各个救灾组织并存储有灾害管理的有关信息"。

ii. 应急志愿主体间的信息合作。

参与应急管理志愿主体，包括政府与志愿组织间、不同的志愿组织间、志愿者与志愿组织间、志愿者之间、政府与志愿者之间在面对危机事件的处置过程中形成了相互影响、相互配合的网络合作关系。

日本的志愿组织具有"小而多"的特点，志愿组织很多但规模都不是很大，通常情况下，一个志愿组织内固定工作人员不会超过5个，为提升自身的能力和扩展自己的声音，它们彼此之间保持密切的联系，特别是通过各自的网站相互转载其他组织的信息，实现志愿组织间的信息共享。一些志愿组织自发地进一步组成一些网络型组织，例如类似于志愿者中心的联合组织，以形成合力来弥补单打独斗的力量不足，应对共同的问题和困难。志愿联合组织的数据库里储存了大量心理援助、现场急救、物资调配、医疗护理等各类专业人才。"在总部的工作人员根据信息传递来的灾区不同需求，全面协调志愿者参与应急救援工作。通过将适合的志愿者安排到适合的位置上去发挥适合的作用，这些网络组织，在实现信息共享，整合不同团体资源优势共同提供服务，协调不同志愿组织行动形成共同政策建议，形成合力争取政府项目等方面发挥着积极作用"。

Ⅳ. 资金援助体系

阪神地震救援期间，少数志愿者中心在开始建立的时候，使用当地政府的志愿者基金，或者当地社会福利协会的志愿者基金，但更多的是用民间的资金资助。在资源筹措和投入使用上，日本政府积极构建与社会的合作机制，例如各级政府通过与各类企事业单位、志愿者协会、行业协会、志愿组织签订救灾合作协议或灾前合同，以书面形式明确协议双方的物资与费用负担、征用方式及保险责任，汇集政府以外的资源，在减轻政府负担的同时，有效地保证了应急资源的整合。

十二、地震应急科普与宣传

地震应急科普宣传是地震灾害发生后，为了维护社会稳定，平息民众的恐慌心理，政府一方面满足社会公众的知情权，做好新闻宣传和信息发布，做到信息的统一、及时、准确、客观。一方面推进地震科普宣传，引导民众防灾避险、自救互救。地震应急科普一般包括四个方面：一是与震情相关的断层属性、破裂属性、震例统计、后续趋势判断等；二是震区建构（筑）物的结构类型和受灾影响程度；三是震后危房的简易排查知识点；四是震时避险逃生和自救互救知识点。地震应急宣传则积极引导舆论，主动回应关切，提高全社会应对处置地震事件的整体效率，是有效提高公众对于地震的心理防御能力的重要措施。

延伸阅读

为做好地震应急宣传，山西省制定了《山西省地震应急新闻联动方案》，成员单位包括省委宣传部、省政府新闻办、省地震局、省公安厅、省通信管理局、省气象局、新华社山西分社、《山西日报》、山西广播电视台、黄河新闻网。对地震突发事件新闻处置工作中的联动方式、工作职责、联动程序进行了详细规定。

成员单位除了政府相关部门外，涵盖了中央及地方主流媒体、传统媒体和新媒体，有利于信息的多渠道传播。

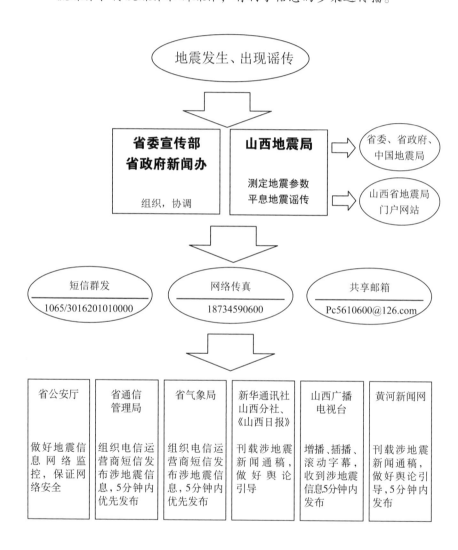

案例分享 **2014年云南鲁甸6.5级地震云南省地震局的应急科普宣传**

基本情况：2014年8月3日16时30分，在云南省昭通市鲁甸县（北纬27.1度，东经103.3度）发生6.5级地震，震源深度12千米，余震1335次。截至2014年8月8日15时，地震共造成617人死亡，112人失踪，3143人受伤，22.97万人紧急转移安置。

云南省地震局的应急科普宣传措施：

Ⅰ.召开新闻发布会。震后2小时召开新闻发布会，向多家媒体记者介绍启动响应情况、现场工作队出队情况、震情和初步查明的灾情，如何科学应对地震灾害，以及灾区抗震救灾工作情况。在灾区现场的8月4—6日连续3天召开新闻发布会。

Ⅱ.开辟地震专栏。震后约半小时，在门户网站建立地震专栏，从焦点关注、震情灾情公告、现场工作动态、州市工作动态、地震应急响应、媒体相关报道等方面对抗震救灾工作进行全面报道。共发布稿件459篇，上传视频11条，共有8万余人次浏览了门户网站。据不完全统计，有43家媒体90次转载或引用了网站信息。

Ⅲ.专人负责新媒体宣传。截至8月10日12时，安排专人在云南省地震局官方微博（新浪、腾讯、人民网）同步发布震情灾情、抢险救灾及地震系统现场应急工作等文字图片信息报道290条（篇），转发7000多次，阅读受众数量合计达900万人次。

Ⅳ.全面组织接受记者专访。前后方共组织专家23人次接受中央电视台、《人民日报》等14家新闻媒体专访和云南电视台4次直播访谈。回答了"是否预警、余震情况、救援情况、最新灾情、伤亡大的原因"等问题。接待媒体到监测中心、台网中心录制地震余震分布图形。联系云南网，刊发《牢记使命　冲锋在前——记云南鲁甸6.5级地震现场应急人员》报道1篇。

Ⅴ. 在灾区开展科技保障、专家答疑、资料发放、装备展示、图片展示等系列科普活动，共发放资料4.5万份。昭通市电视台、鲁甸电视台以《为地球把脉的人》为题，作了专题新闻报道。

延伸阅读：建立应急新闻发言人制度

Ⅰ. 新闻发言人团队

新闻发言人负责在应急宣传中向媒体和公众发布信息，提供地震与地震灾害的基本情况、应对的最新进展、应对措施及行动建议等信息。新闻发言人必须有一个高效的危机信息处置团队支持。新闻发言人团队的主要职责包括：

协助新闻发言人开展新闻发布工作；媒体联络；舆情收集分析；发布材料撰写；答问口径拟定；新闻发布的组织策划以及相关部门沟通协调；快速反应，快速核实情况，准确发布，提高新闻发布工作的时效性。

各部门和单位结合实际情况指定新闻发言人，相关专家及助理组成团队，形成新闻发言人管理制度，定期培训，持证上岗，明确职责、激励、风险化解与问责等。

Ⅱ. 新闻发布管理

ⅰ. 建立相关制度，规定新闻发布的决定权限和运作程序，用来决定信息是否发布、何时发布以及如何发布。确定第一时间所要发布的信息、后续信息所要发布的内容和发布形式；紧急情况下信息的通报和核实的标准。

ⅱ. 建立信息反馈机制，关注新闻发布以后，媒体和社会的反应如何，发布效果如何。要有专人负责媒体报道和民情民意搜集、整理与分析，必要时可以约见媒体记者进一步了解反馈并及时通报新闻发言人团队。

第四章 恢复篇

一、受灾群众安置

《中华人民共和国突发事件应对法》第四章第五十六条规定"受到自然灾害危害或者发生事故灾难、公共卫生事件的单位，应当立即组织本单位应急救援队伍和工作人员营救受害人员，疏散、撤离、安置受到威胁的人员。"《中华人民共和国防震减灾法》第五章第五十条规定："地震灾害发生后，抗震救灾指挥机构应当立即组织有关部门和单位迅速查清受灾情况，……启用应急避难场所或者设置临时避难场所，设置救济物资供应点，提供救济物品、简易住所和临时住所，及时转移和安置受灾群众，确保饮用水消毒和水质安全，积极开展卫生防疫，妥善安排受灾群众生活；……"受灾群众安置根据灾后阶段和需求不同，大致可分为以下几类：

紧急转移安置：地震发生后，为了最大程度减轻人员伤亡，将受到威胁的民众紧急疏散、撤离、安置到安全地带；或是把受伤比较严重的老人、儿童、残疾人等特殊人群转移到其他未受灾害影响的省市或地区，使他们能够接受比较稳定、全面的救助。

临时安置：顾名思义"临时"是在短时间内避开危险、保证生命安全，是指引导和组织灾民到就近的中小学校园、公园及集会场所做的临时安置工作。安置地点一般是事前设立的指定避难所，也可以是附近经安全鉴定后可入住的室内空间。

过渡性安置：是指在灾区社会经济和灾民日常生活恢复正常秩序之前进行集中安置区或临时应急住宅的搭建与运营等工作。安置方式按地点分为就地安置、异地安置；按方式分为集中安置、分散安置；按主体分为政府安置、投亲靠友、自行安置。

集中安置点：是指灾后居民生活的集中区。包括学校操场和经安全鉴定的体育场馆；帐篷、篷布房；简易住房、活动板房。

案例分享

I. 汶川地震重灾区群众的陆路接力转移

汶川特大地震发生后，汶川、茂县、理县等地众多受灾群众被困，其中5万多群众需要转运出来。但由于汶川已经打通的四条道路都无法保证人员运输的安全，这些群众一直困于灾区。为确保他们安全转出，四川各地各级政府专门开辟了从汶川—马尔康—丹巴—雅安—成都的全长900余千米的第五通道，通过接力的方式往外运输人员。这条通道比此前打通的汶川西线长100多千米。

阿坝州设立由交通局、运管局、民政局、文体局等部门组成的转移灾区群众工作组。通过四川省交通部门共调集了包括当地公交、阿坝大九旅集团等单位的以及甘肃等地的近600台车辆，将灾区群众首先运到阿坝州州府马尔康，马尔康共设立了四个救助站，向群众提供帐篷、食物等，然后往下一站丹巴转移，丹巴再提供住处和食物，每次运送前，都要事先沟通联系，考虑下一站的接待能力，确保人们有足够的食物和住处。以此类推，直到成都。到成都后，由当地政府安置。每个转移站都有公安和交通部门负责专门接送，并配备了医疗小分队护送全程。到5月26日，历时7天的生命大转移宣告结束，从汶川、茂县、理县三地转移到成都的5万多受灾群众全部由各接收点负责安置完毕。

II. 绵阳九洲体育馆大规模临时安置受灾群众

九洲体育馆位于成绵高速绵阳南入口旁，占地面积187亩，2005年竣工时建筑总面积2.4万平方米。拥有中央场馆及训练馆各1座，中央场馆高度30多米，馆内看台区能容纳观众5609人。

汶川地震发生后，绵阳九洲体育馆震感非常强烈，通信完全瘫痪。当天到馆职工无一脱岗，立即在馆领导的带领下分头行动，摸清受震情况，检查了全馆安全设施状况，并对损毁的备用电源进行紧急处理，以确保安全供电。与此同时，开放体育馆外场接纳周边避震群众近百人。

5月12日晚，绵阳抗震救灾指挥部彻夜召开会议，成立由市委常委、市总工会主席任指挥长，市人大常委会常务副主任任常务副指挥长的九洲体育馆受灾群众安置指挥部，并在刚刚恢复的绵阳人民广播电台、绵阳电视台等媒体上公布设置安置点的消息。5月13日10时04分，时任绵阳市委书记谭力赶到九洲体育馆部署临时安置工作，并安排36个市级部门近400名干部职工负责安置的后勤保障服务工作。

在地震临时用房建成之前，体育馆一直被用来临时安置地震灾民，最多时接纳避难群众近5万人。值得一提的是，这次安置中为保证特殊需求，开设了特供专区。为保证婴幼儿的基本需求，在体育馆挤出七间房间，专门设立母婴室，每间房间可以容纳11对母婴，房间内设有独立卫生间及空调，安置0～1岁的婴儿及母亲，组织购买婴儿奶粉、奶瓶、尿不湿等物品，当天就接纳了38对母婴入住。为更好地保护受灾学生，专门将体育馆内场设为学生生活区，特别提供热食品、热水和牛奶等。各区域责任部门加大对受灾群众中特殊群体的摸底调查，对12位孕妇和155位70岁以上老人给予特殊照顾：将12位孕妇安排到内场居住，组织她们孕检；70岁以上老人都登记在册，并专门安排志愿者为他们服务，还为高龄老人配备了轮椅。

二、灾后心理援助

灾后心理援助是指对因自然灾害发生而产生心理危机的个人进行精神上的支持和抚慰，告诉他们怎样更好地去处理应急事件，帮助他们解决心理困惑，渡过危机，重新恢复心理平衡，并增强其抵御危机再次暴发的"免疫力"，使之能够健康地生存下去。

灾后心理援助包括五个方面的内容：一是帮助受灾群众心理康复，激发内在积极的心理资源，重建对自我与生活的自信心，增强承受挫折和适应环境的能力。二是发现、鉴别心理创伤严重的受灾群众，给予科学、有效的心理咨询与治疗，使他们尽快摆脱灾难带来的阴影，预防和减少心理疾患的发生比例。三是重点协助儿童、教师、其他弱势群体，以及救灾人员面对灾难悲伤失落的情绪体验，减轻灾后心理压力，以尽快适应日后生活。四是为社会大众提供重大灾害发生后的心理健康知识，减轻社会的心理恐慌，增强自我调节能力。五是为政府相关部门的救灾方案提供心理学补充和具体措施。

延伸阅读

2008年"5·12"汶川大地震发生后，我国于2008年6月8日发布的第526号国务院令《汶川地震灾后恢复重建条例》的第二条、第十七条、第三十五条都提到心理援助工作，使灾后心理重建工作有法可循。2008年7月，教育部颁布了《关于地震灾区中小学开展心理辅导与心理健康教育的指导纲要》，以具体指导地震灾区中小学生进行科学、有序、持续的心理辅导与心理健康教育。2010年"4·14"玉树地震发生后，青海省在中国科学院心理研究所的专业支持下，科学规划，推动了灾后心理援助纳入灾后重建整体规划，在《玉树地震灾后恢复重建总体规划》的第九章第一节中，心理援助工作正式作为重建工作的一部分。此后的重大地震灾害恢复重建整体规划中，均涉及心理援助和重建的相关内容。

案例分享　汶川地震灾后心理援助实践

汶川大地震后，灾难带来巨大的心理冲击，造成了大范围的心理恐慌和心理创伤。中科院心理所自"5·12"大地震后，在当地各级政府的支持和配合下先后在四川成立了7个工作站，分别为绵竹工作站、德阳人民医院工作站、北川中学工作站、什邡工作站、绵阳工作站、东汽工作站和四川司法警官学校工作站。北京师范大学与德阳市教育系统密切合作，在当地受灾严重的10所中小学建立了"北京师范大学心理学院心理健康教育实验基地"，对学生和教师开展系统的心理援助工作；北京大学心理系在彭州市新兴学校设了心理辅导站，成为在彭州的示范校，同样以学校为中心，学生和教师为直接干预对象开展灾后心理援助；华南师范大学心理系也在北川中学建立了"心灵花园"北川工作站，以沙盘为辅助工具，对该校的师生开展了长期的灾后心理援助；"妈妈之家"作为一个纯民间的社工组织，以社工的方式在都江堰的社区开展长期的社会支持性工作，被媒体称之为"民间的自我疗伤组织"等。在众多尝试和探索中，在本地建立心理援助工作站是最为持久而有效的工作模式。心理援助站工作目标：一是对灾后民众进行心理援助，并预防重大精神疾病的产生和大规模爆发。二是在灾难发生之后对民众心理受影响程度进行评估。三是通过长期的追踪研究，探索一套适合我国的灾害心理援助模式和程序。四是关注灾后受到影响较大的重点人群。心理援助工作人员包括：精神科医生、心理咨询师、心理辅导员和社会义工等。通过实践，逐步建立了基于心理援助站的"一线两网三级服务"的体系。"一线"是指心理援助热线，即在灾区联合当地的移动公司，开通各自的心理援助热线，并有专职的、经过训练的心理咨询师接听热线，进行线上心理援助服务。例如，在四川灾区开通的"100865'我要爱'减压热线"，自2008年12月正式开通以来，受到了灾区群众和各界的好评；"两网"是指灾后心理援助队伍网和互联网，即依靠各个心理援助工作站，为各个灾区培养一大批有针对性、实际操作能力强的心理辅导教师，覆盖北川、绵竹、什邡、德阳等地几乎所有中小学，建立了应对灾后心理创伤康复的队伍网络；同时，我国的心理学研究者研发基于移动互联网平台的系统软件——"移动心理服务系统"，通过手机就可以协助心理专业人员对受助对象进行评估与干预，并即刻反馈结果，提供专家建议和专业解决方案。此外，我国的心理学爱好者还以网络平台为基础，建立"本土心理联盟"，使非灾区心理专业志愿者通过互联网帮助灾区心理辅导教师及网上求助者，成为一支分布广泛的民间心理援助队伍；"三级"是指学校、社区心理咨询室—心理援助工作站—精神卫生中心的一套针对不同的心理创伤的严重程度形成的体系，一级机构主要解决一般心理问题，开展群体心理健康教育、团体辅导活动、学校心理课等，遇到复杂困难个案转介到心理援助工作站，心理援助工作站还可以对一级机构进行督导和培训，此外，遇到精神病性精神障碍或者需要药物治疗者则转介到三级精神卫生中心。因此，三级体系可以基本覆盖所有心理问题和精神障碍。心理援助工作站根据与当地不同部门的合作，形成了基于社区、基于学校、基于医疗卫生系统和综合模式的灾后心理援助具体工作模式。在基于学校的教育模式方面，依据校长—班主任—骨干教师—学生的思路，逐步渗透，多管齐下，覆盖教育系统各个层面，以帮助灾区学生、教师乃至家长舒缓情绪、获得情感支持；社区模式方面，通过"调研—培训—评估"程序，围绕地方政府灾后重建的中心任务（如维护社会稳定、加快永久性住房建设），为当地政府和受灾群众搭建信息沟通平台，并通过社区干部心理辅导培训工作，在社区干部中培养心理辅导员；医疗模式方面，在地方医院，依据"评估—诊断—干预"的程序对社区群众和教师群体开展了一系列工作，建立高危人群心理档案，开展心理治疗；同时也在灾难深重的地区（北川、绵竹和什邡等县）选择重点乡镇和社区（北川县曲山镇、绵竹市汉旺镇、什邡市方亭社区），长期、稳定地开展灾后心理重建综合模式的探索与实施，并建立覆盖整个灾区（德阳、绵阳等）的心理服务热线及计算机网络服务体系，培训了一支以当地教师和咨询师为主的线上和线下服务队伍，成为各个灾区灾后心理援助的有力保障。

培训灾后心理援助枢纽人群，建立当地的心理援助队伍。灾后枢纽人群主要是指在灾后重建中担负重要角色的工作人员，包括基层干部、医务人员、教师等。他们不仅受到了灾难带来的心理冲击和心理创伤，而且，他们是灾后重建的本地主要力量，要承担艰巨而繁重的重建任务，他们本身的心理健康状况或康复程度，不仅关联着他们自己的生活，更因为他们生活、工作并服务于当地最广大的各个领域的人群，从而影响着灾后的重建。对他们进行系统培训，使其能够在自己的本职岗位上运用好心理学知识为群众服务，同时可以更广泛、全面地开展心理援助工作。特别是在专业人员极其缺乏而又主要分布于大城市这样的现实条件下，通过对枢纽人群的系统培训，可以促进灾后心理援助可持续地进行下去。据统计，到"5·12"大地震周年，仅中国科学院心理研究所先后在四川当地系统地培训枢纽人群共 6000 余人，包括基层干部、医务人员、教师等，其中，通过选拔与培训相结合，培养了 238 名专业的心理援助志愿者，为四川部分灾区建立起了自己强大的心理援助队伍。

进行灾后心理健康知识的传播是灾后心理援助工作的重要环节。我国几乎所有省市的心理学会和主要的心理学机构都通过不同渠道参与了卫生部、教育部、中国科协分头组织的有关灾后心理援助的指南和手册的编制。如《灾后心理援助 100 问》《如何帮助我们的孩子——地震后青少年心理援助教师、家长辅导手册》《〈我们一起度过〉中小学生心理援助手册》《危机心理咨询的实施》《四川灾后心理救助手册》《四川灾区心理应急指南》《心理自助》《心理自救互救宣传手册》《创伤后应激障碍宣传手册》《地震灾后心理危机干预》《地震灾后心理防护与干预手册》《社会集体事件心理辅导手册》等，内容丰富、数量庞大、面对人群广，编制速度快，令海内外同人称赞。其中，山东心理学会于 5 月 14 日就制作了《一线官兵心理自我救助手册》，在第一时间发往抗震救灾一线，受到解放军总政治部的表扬，同时，5 月 19 日中科院心理所制作的《灾后亲子心理自助手册》《灾后救助者心理自助手册》《灾后救援官兵心理自助手册》《灾后成人心理自助手册》在灾区共发放了 7.5 万册，受灾群众评价"很有用"；5 月 24 日由中国心理学会、中科院心理所、中科院成都分院共同编写的《灾后心理援助 100 问》对灾区群众提供了切实可行的心理援助建议；6 月 1 日为了帮助灾区少年儿童早日走出地震带来的心理阴影，中国科学院心理研究所、中央电视台青少中心和上海增爱基金会共同发起针对灾区少年儿童进行心理干预的"我要爱"动漫心理援助活动，并决定根据专家建议，将心理援助的相关知识与少年儿童喜闻乐见的动漫形式相结合，制作对儿童有心理辅导功能的漫画和动画短片，对灾区少年儿童进行全方位立体式的心理辅导。此外，《光明日报》、人民网、《北京晚报》《科学时报》、CCTV、网易等媒体和各心理学机构的官方网站进行灾后心理健康知识的讲座和文章撰稿，并根据已有的心理援助的经验规范媒体的宣传，宣传灾后各级人群该做的和不该做的事情。

三、灾后救助补偿

灾后救助补偿是指通过各种方式对在灾难中受到生存影响的社会成员提供衣、食、住、行、医疗等基本生活资料以维持其基本生活水平，并且利用财政资金、必要的行政手段和市场行为等工具，对灾难造成的损失进行补偿的应急管理机制，尽量把突发事件的影响及损失降到最低程度。

延伸阅读

2002年之前，中央给受灾地区的救灾资金（即现在的中央自然灾害生活补助资金）测算没有建立相关标准，一直参照20世纪80年代确定的救助水平执行。2002年8月，民政部和财政部联合制定了《特大自然灾害救济补助费测算标准》，首次确定了中央救灾资金的测算方法，在随后的3年时间里，中央自然灾害生活补助标准逐渐建立。需要指出的是，中央自然灾害生活补助资金并不是中央按照确定的标准直接将钱补助给受灾群众，而是中央支持地方开展灾害救助的补助资金。中央自然灾害补助资金下拨给地方政府，由地方根据实际制定办法，统筹用于灾害应急救助、因灾遇难人员家属抚慰金、过渡期生活救助、因灾倒损民房恢复重建、旱灾临时生活困难救助以及冬春临时生活困难救助等。

汶川特大地震发生后，为确保受灾群众生活，国务院决定灾后3个月内向灾区困难群众每人每天发放1斤口粮和10元补助金，为地震造成的"孤儿、孤老、孤残"每人每月提供600元基本生活费。这是中央首次明确到人的补助标准，同时也第一次设立了因灾遇难人员的家庭抚慰金标准。此后，在玉树地震、舟曲泥石流灾害、芦山地震灾后救助中，救助标准结合灾区实际，不断发展完善。

汶川、玉树、芦山地震救助项目和标准一览表

救助项目	2008年 汶川地震	2010年 玉树地震	2010年 舟曲泥石流	2013年 芦山地震
应急期救助	无	无	人均150元标准发放生活救助	人均230元标准发放生活救助
过渡期救助	每人每天10元钱、1斤粮，时限为3个月	每人每天10元钱、1斤粮，时限为3个月	每人每天10元钱、1斤粮，时限为3个月	每人每天10元钱、1斤粮，时限为6个月
农房恢复重建补助	平均每户2万	统规自建的农牧民每户12.5万元	平均每户2万	平均每户3万
遇难人员家庭抚慰	5000元	8000元	8000元	5000元

注：由于玉树地震灾区的高海拔、交通不便等特点，重建成本远高于一般地区，农房重建补助水平也较其他灾害高出很多。

汶川地震以来，中央自然灾害生活补助标准共提高了四次，最近一次提标是2017年5月，国务院171次常务会议决定提高中央自然灾害生活救助标准：结合救灾工作实际和近年来物价增长等因素，中央财政对台风和其他各类自

然灾害应急救助补助实行统一标准，并大幅提高补助水平，同时大幅提高因重特大自然灾害遇难人员家属抚慰金、过渡期生活救助和倒损民房恢复重建的中央补助标准。

四、恢复重建

恢复重建是指突发事件发生后，为保障正常的社会和经济活动，修复各类生命线工程，修复各类公共基础设施，恢复正常的生活生产秩序而采取的相关措施以及当突发事件应急处置工作基本结束，为恢复受影响地区与群众生活生产，促进受影响区域经济社会发展所做的规划和实施等工作。

延伸阅读

2008年6月8日，《汶川地震灾后恢复重建条例》发布实施，此时距地震发生还不到一个月。速度之快，在我国立法中还不多见。因此，有学者称此是我国应急法制发展进步的一个重要标志。《汶川地震灾后恢复重建条例》根据《中华人民共和国突发事件应对法》和《中华人民共和国防震减灾法》制定，是为了保障汶川地震灾后恢复重建工作有力、有序、有效地开展，积极、稳妥恢复灾区群众正常的生活、生产、学习、工作条件，促进灾区经济社会的恢复和发展。该条例包括总则、过渡性安置、调查评估、恢复重建规划、恢复重建的实施、资金筹集与政策扶持、监督管理、法律责任以及附则共九章八十条，于2008年6月4日国务院第11次常务会议通过，2008年6月8日发布，自公布之日起施行。

案例分享 异地重建——北川新县城科学选址、规划与建设

"5·12"汶川特大地震给北川县城造成毁灭性破坏，是地震中集中遇难人数最多的城镇，全国乃至世界的目光关注北川，关注北川县城如何重建。经过各级政府组织专家实地调研，反复比较，科学论证，最终形成了在安昌镇东南另选新址异地重建北川新县城的方案。2008年11月，国务院正式批准新址方案。

科学重建首先要科学规划，中国城市规划设计研究院通过技术总承包的方式，负责北川新县城规划设计工作。中规院坚持"政府组织、专家领衔、部门合作、公众参与、科学决策"的方针，先后进行了六次大规模社会调查，广泛征求各方面专家和各界群众意见，2009年3月，中规院完成了新县城总体规划编制，随后，又与山东援建方合作，形成了一系列具有浓郁特色能展现羌族风貌的单体项目设计。这些规划和设计全面贯彻温家宝总理提出的"安全、宜居、特色、繁荣、文明、和谐"十二字方针，力求把北川新县城建成汶川特大地震灾后恢复重建的标志性工程，成为"城建工程标志、抗震救灾标志和文化遗产标志"。2009年5月，新县城单体建筑物正式动工，新县城大会战拉开序幕。经过四面八方各路大军的团结协作、奋力拼搏，仅用了15个月的建设时间，北川新县城已从设想—总规—详规变成了现实，一座基本具备城市功能，体现了科学性、民族性、生态性、现代性、实用性的新县城，已经成为安昌河畔一道亮丽的风景线。

延伸阅读：汶川地震与芦山地震灾后恢复重建工作比较

地震	2008年5月12日汶川8.0级地震	2013年4月20日芦山7.0级地震
人员伤亡及灾害损失	受灾总面积约44.04万平方千米，涉及四川、甘肃、陕西、重庆、云南、宁夏6个省（自治区、直辖市）；造成69227人遇难，374643人受伤，17923人失踪。直接经济损失达8451亿元	受灾人口152万，受灾面积12500平方千米，波及雅安等10多个市州、100余个县受灾。造成196人死亡，21人失踪，11470人受伤。灾区房屋损毁严重，基础设施受到不同程度的破坏，造成了巨大的经济损失，特别是对生态也造成了严重的破坏
灾后恢复重建工作	国务院专门针对汶川地震的灾后恢复重建制定一部法规，即《汶川地震灾后恢复重建条例》。条例的最大特点是充分体现可持续发展思想。条例在总则中开宗明义地提出"地震灾后恢复重建应当坚持以人为本、科学规划、统筹兼顾、分步实施、自力更生、国家支持、社会帮扶的方针"，在灾后恢复重建应遵循的原则方面，条例提出要"立足当前与兼顾长远相结合，经济社会发展与生态环境资源保护相结合"，这些都是可持续发展思想的直接体现。可持续必须以安全为前提，安全是可持续发展的应有之义，对安全的要求贯彻条例的始终。按照条例的要求，国家发改委等部门联合四川省等灾区政府编制了《汶川地震灾后恢复重建总体规划》，确定了用三年左右时间使灾区的基本生活条件和经济社会发展达到或超过灾前水平的重建目标，以及实现目标所要开展的主要工作。在接下来的三年左右时间里，灾区各级政府按照《汶川地震灾后恢复重建总体规划》认真组织项目建设，加大力	2013年7月15日，国务院下发《芦山地震灾后恢复重建总体规划》，7月20日，省委、省政府召开芦山地震灾后恢复重建工作会议作出部署，正式全面启动灾后恢复重建。恢复重建坚持中央统筹指导、地方作为主体、群众广泛参与的新机制。具体到实施方面，则是国务院有关部门和受灾省份按照工作流程合作开展灾害损失评估、地质灾害隐患排查与危险性评估、住房及建筑物受损鉴定和资源环境承载力评价，中央负责编制或指导地方编制灾后恢复重建总体规划，地方政府作为恢复重建的责任主体和实施主体，加强对重建工作的组织领导，形成统一协调的组织体系、科学系统的规划体系、全面细致的政策体系、务实高效的实施体系、完备严密的监管体系，并充分调动受灾群众积极性，发扬自力更生、艰苦奋斗的优良传统，以及有

续表

地震	2008年5月12日汶川8.0级地震	2013年4月20日芦山7.0级地震
灾后恢复重建工作	度推进灾区恢复重建，努力建设灾后美好新家园，胜利完成了灾后恢复重建的目标任务。以四川省为例，据国家审计署公告，截至2011年9月底，四川省纳入国家总体规划的项目29692个，已完工项目29300个，占重建任务的98.68%；规划总投资8658.11亿元，已累计完成投资8568.46亿元，占规划总投资的98.96%。经过三年多的努力，汶川特大地震灾后恢复重建取得了举世瞩目的成就，这当然离不开中央的大力支持以及灾区各级政府、社会组织和广大群众的共同努力，同时还要特别提及在重建过程中采取的对口支援措施，灾区自身的努力再加上兄弟省份、全国各族人民的大力支持，才有了汶川灾后重建的涅槃奇迹	效对接社会资源，引导志愿者、社会组织等社会力量依法有序参与灾后恢复重建
特色	对口支援是彰显我国社会主义制度优势、举全国之力应对重大事件的一项具体举措，自新中国成立以来在应对重大突发事件中多次使用。由于汶川特大地震影响之大，2008年6月11日，国务院办公厅印发《关于汶川地震灾后恢复重建对口支援方案的通知》，经党中央、国务院同意，建立灾后恢复重建对口支援机制，由中央统筹协调，按照"一省帮一重灾县"的原则，组织东部和中部地区省市支援地震受灾地区。在援助方和受援方各级党委、政府的重视下，对口支援机制实施取得了显著的成绩。截至2009年6月底，支援四川省的18个省市确定的计划投入数额已经达到718.97亿元，超过了国务院方案中提出的不低于支援省市上年财	芦山地震灾后恢复重建新机制的进步在于较好地处理了百姓期望、政府目标、硬件建设、生活恢复、社会预期等五个方面的关系，这正是新机制突出以地方为主、发挥地方决策优势的结果

续表

地震	2008年5月12日汶川8.0级地震	2013年4月20日芦山7.0级地震
特色	政收入的1%的要求（据此测算，18个支援省市三年累计应投入对口支援资金共计应不低于687.50亿元），总的投入更是远远超过了方案要求的数额。汶川特大地震灾后恢复重建过程中采取的对口支援措施，不仅确保了受灾地区按照计划完成了重建任务，还促成了援助方和受援方更深层次的合作，如援助方通过产业转移、技术转让等方式，在重建结束后仍在发挥着支持受灾地区发展的作用。汶川特大地震灾后恢复重建的实践再一次有力彰显了社会主义制度的优越性	

参考文献和资料

中华人民共和国突发事件应对法，2007.

中华人民共和国防震减灾法，2008.

国家突发公共事件总体应急预案，2006.

国家地震应急预案，2012.

国家防震减灾规划（2016—2020年），2016.

闪淳昌，薛澜.应急管理概论[M].北京：高等教育出版社，2012.

陈安，等.现代应急管理理论与方法[M].北京：科学出版社，2009.

张建毅.防震减灾法教程[M].北京：清华大学出版社，2014.

杜玮，等.防震减灾基础知识问答[M].北京：中国标准出版社，2014.

陈虹.突发事件应急救援标准及地震应急救援标准建设[M].北京：地震出版社，2014.

[美] 米切尔·K·林德尔，等.应急管理概论[M].王宏伟译.北京：中国人民大学出版社，2011.

金舒.应对突发事件方法与技巧[M].北京：国家行政学院出版社，2011.

郭济.政府应急管理实务[M].北京：中共中央党校出版社，2004.

钟开斌.中外政府应急管理比较[M].北京：国家行政学院出版社，2012.

滕五晓，等，日本灾害对策体制[M].北京：中国建筑工业出版社，2003.

郭伟.汶川特大地震应急管理研究[M].成都：四川人民出版社，2009.

王健.地震灾害管理研究[D].2008，北京交通大学硕士论文.

许建华，等.地震应急响应措施及响应流程手册[M].北京：地震出版社，2017.

吴新燕.城市地震灾害风险分析与应急准备能力评价体系的研究[D].2006，中国地震局地球物理研究所博士论文.

贾燕.地震灾区恢复重建研究[D].2006，中国地震局地质研究所硕士论文.

毛凯英.公共危机应急中的志愿者参与研究[D].2016，华东政法大学硕士论文.

许建华，张俊，等. 基于时序化方法的中日地震应急响应对比研究——以日本 "3·11" 地震和汶川 "5·12" 地震为例. 国际应急管理协会（TIEMS）2014年日本年会会议论文集.

胡卫建，等. 我国应对大震巨灾应急救援装备的技术需求研究[M]. 见：吴卫民主编. 中国地震应急搜救中心十周年论文集. 北京：地震出版社，2014.

刘静伟，等. 大华北地区地震灾害与风险评估[J]. 地震工程学报，2014，36（1）：134～143.

周柏贾，贾群林. 地震应急演练虚拟仿真应用技术[J]. 自然灾害学报，2011，20（5）：59～64.

燕群，等. 基于防灾规划的城市自然灾害风险分析与评估研究进展[J]. 地理与地理信息科学，2011，27（6）：78～83.

杨懋源，宋峰. 对地震应急预案的科学性、可操作性和体系性的讨论[J]. 国际地震动态，2002.1：1～4.

龚平，等. 现行地震应急预案的局限与对策研究[J]. 国际地震动态，2008，11：163.

韩炜，等. 地震救援行动的影响因素分析[J]. 灾害学，2012，27（4）：132～137.

侯建盛，李民. 地震应急管理[J]. 国际地震动态，2008，369（1）：14～20.

高小平，等. 我国应急管理研究述评（上）[J]. 中国行政管理，2009，8：29～33.

邹逸江. 国外应急管理体系的发展现状及经验启示，灾害学，2008，23（1）：96～101.

闪淳昌，等. 对我国应急管理机制建设的总体思考[J]. 国家行政学院学报，2011，1：8～12.

邢娟娟. 应急准备文化体系结构与核心要素研究[J]. 中国安全生产科学技术，2010，6（5）：83～86.

刘铁民，王永明. 飓风 "桑迪" 应对的经验教训与启示[J]. 中国应急管理，2012，12：11～14.

高祥荣. "桑迪"过程中美国政府公共危机应对措施述评[J]. 安徽行政学院学报，2013，2：11～15.

薛澜，刘冰. 应急管理体系新挑战及其顶层设计[J]. 国家行政学院学报，2013，1：10～14.

修济刚. 甘肃岷县漳县地震应急抢险工作回顾与总结[J]. 中国应急管理，2013，8：7～9.

聂高众，等. 地震应急灾情服务进展[J]. 地震地质，2012，34（4）：782～791.

宋劲松，邓云峰. 我国大地震等巨灾应急组织指挥体系建设研究[J]. 宏观经济研究，2011，5：8～18.

吴晓涛. 突发事件区域应急联动机制的内涵与构建条件[J]. 管理学刊，2011，24（1）：91～93.

王秀辰. 区域地震应急联动机制建设研究[J]. 中国应急救援，2014，2：52～55.

刘博. 地震应急联动机制建立浅析[J]. 中国应急救援，2011，5：18～20.

文升梁. 跨区域地震应急协作联动机制的探讨[J]. 高原地震，2010，22（2）：68～70.

修济刚. 从四川芦山到甘肃岷县、漳县：探析地震应急的焦点、亮点与盲点[J]. 城市与减灾，2013，6：1～7.

赵媛媛. 我国应急管理体系的现状、问题以及完善[J]. 时代金融，2012，3：254.

刘庆. 美俄应急管理部门的运作机制[J]. 中国领导科学，2018，3：123～125.

李志强，等. 我国地震应急避难场所的现状与思考[J]. 中国应急救援，2013，4：36～42.

全国首个"国家地震安全示范社区"在大连落成[J]. 防灾博览，2012，4：26～33.

刘正奎，等. 我国重大自然灾害后心理援助的探索与挑战[J]. 中国软科学，2011，5：56～64.

李璇. 自然灾害心理援助中组织协作机制研究[D]. 2013，云南大学硕士论文.

王静. 城市承灾体地震风险评估及损失研究[D]. 2014，大连理工大学硕士论文.

童钟. 地震灾害应急物资需求预测及调拨模型与方法研究[D]. 2016，华中
　　科技大学博士论文.

王东明，等. 汶川地震以来我国自然灾害救助工作的发展[J]. 中国应急救
　　援，2018，3：9～14.

陈虹，等. 地震灾害紧急救援队建设现状及能力分级测评[J]. 中国应急救
　　援，2018，3：46～50.

李立，等. 地震救援装备分类研究[J]. 中国应急救援，2018，3：55～59.

高娜. 浅谈汶川地震后我国地震应急救援能力进展[J]. 中国应急救援，
　　2018，3：20～24.

潘怀文. 新时代面向减轻地震灾害风险的地震科普工作[J]. 中国应急救援，
　　2018，5：4～6.